作　者　简　介

　　潘知常，南京大学教授，博导，南京大学美学与文化传播研究中心主任。1989 年获市、省级"五四青年奖"，1992 年被批准为享受国务院"政府特殊津贴"的专家，1993 年被南京大学特聘为教授。长期在澳门工作，担任澳门科技大学特聘教授、博士导师、人文艺术学院创院副院长（主持工作）、澳门电影电视传媒大学筹备委员会专职委员。曾任中国民主同盟第八届中央委员会委员，中华全国青年联合会第七届中央委员会委员，中国华夏文化促进会顾问、国际炎黄文化研究会副会长，世界文明交流互鉴（澳门）促进会名誉会长、澳门比较文化与美学学会创会会长等。出版"生命美学三书"、"潘知常生命美学系列"（十三卷）等约九百万字的美学专著，在《文艺研究》《新闻与传播研究》《光明日报》等报刊发表学术论文两百多篇。1993 年首倡的"中国美学精神"研究，2007 年提出的"塔西佗陷阱"，习近平总书记 2015 年和 2014 年在重要讲话中均曾予以关注，后者目前网上搜索量为 2970 万条，被称为："一个中国美学教授命名的政治学、传播学定律"。1985 年提出"生命美学"，并创立改革开放以来国内出现的第一个美学学派——生命美学学派，目前网上搜索量为4490 万条。

内 容 简 介

生命美学从立足于"实践"转向立足于"生命",从立足于"启蒙现代性"转向立足于"审美现代性",从"认识—真理"的地平线"乾坤大挪移"到了"情感—价值"的地平线。生命美学不是关注人类文学艺术的小美学,而是关注人类美学时代美学文明、关注人类解放的大美学。

生命美学的全称是"情本境界论"生命美学或者"情本境界生命论"美学,其中的"情本"("兴")、"境界"("境")、"生命"("生"),都正是源自中国传统美学的核心范畴——"兴"("情本")、"境"("境界")、"生"("生命")。因此,生命美学是中国美学传统的弘扬与传承。

生命美学从五个方面根本区别于实践美学:1.以"实践的人道主义"区别于实践美学的"实践的唯物主义";2.以"爱者优存"区别于实践美学的"适者生存";3.以"自然界生成为人"区别于实践美学的"自然的人化";4.以"我审美故我在"区别于实践美学的"我实践故我在";5.以审美活动是生命活动的必然与必需区别于实践美学的审美活动是实践活动的附属品、奢侈品。

生命美学:"万物一体仁爱"的生命哲学+"情本境界论"审美观+"知行合一"的美育践履传统。

生命美学引论

潘知常——著

百花洲文艺出版社
BAIHUAZHOU LITERATURE AND ART PRESS

SHENGMINGMEIXUE YINLUN

XIUDING BAN

修订版

图书在版编目（CIP）数据

生命美学引论：修订版／潘知常著. —— 南昌：百花洲文艺出版社，2023.4（2023.11重印）

ISBN 978-7-5500-4671-9

Ⅰ.①生… Ⅱ.①潘… Ⅲ.①生命－美学－研究－中国 Ⅳ.①B83-092

中国版本图书馆CIP数据核字（2022）第218837号

生命美学引论·修订版

潘知常　著

出 版 人	陈　波	
责任编辑	周振明	
书籍设计	方　方	
制　　作	何　丹	
出版发行	百花洲文艺出版社	
社　　址	南昌市红谷滩区世贸路898号博能中心一期A座20楼	
邮　　编	330038	
经　　销	全国新华书店	
印　　刷	湖北金港彩印有限公司	
开　　本	787mm×1092mm　1/32	印张　9.875
版　　次	2023年4月第1版	
印　　次	2023年11月第2次印刷	
字　　数	180千字	
书　　号	ISBN 978-7-5500-4671-9	
定　　价	56.00元	

赣版权登字　05-2022-238

邮购联系　0791-86895108

网　　址　http://www.bhzwy.com

图书若有印装错误，影响阅读，可向承印厂联系调换。

目　录

第一章　生命美学："我将归来开放"

一、"出自心灵，但愿它能抵达心灵"

三十八年前，1985年，当我在1985年第1期《美与当代人》（现在更名为《美与时代》）发表自己关于生命美学的最初思考的时候，无疑并没有想到直到三十八年后的2023年，人们还会记得生命美学。而且，还会有越来越多的人在关注生命美学，甚至，现在还会把生命美学作为改革开放四十年美学界的重要成果来加以纪念。

生命美学的诞生并不是孤立的，它是我们国家改革开放的伟大时代的产物。改革开放的新时期，也恰恰就是生命美学的新时期。数十年中，生命美学披荆斩棘，艰难前行，固然离不开美学界众多学者的共同努力，但是，没有人能够否认，改革开放才是生命美学数十年来一路迤逦前行、不断茁壮成长的根本原因之所在。没有改革开放的新时期，就没有生命美学的问世。生命美学是改革开放新时期的产物，同时，也是改革开放新时期的见证。

具体来说，没有改革开放新时期的思想解放、"冲破牢笼"，就没有生命美学。

改革开放的新时期，首先就是源于思想解放，突破陈规。正是当年那场缘起于南京大学的思想解放的大讨论催生了我们国家的改革开放。自由的思想一旦被束缚在牢笼之中，就一定会导致一个僵化、保守的时代的到来，想象力就会萎缩，创造力更会退化，"万马齐喑究可哀"的沉闷局面也是必然的。也因此，改革开放的新时期，思想解放与改革开放，应该是一条清晰的可见的生命线、主旋律。改革开放的新时期，也就是思想解放的历史。没有各种观念的激烈冲撞、各种思想的深刻嬗变，整整四十年的大思路、大决策、大提速，都是无法想象的。

对于生命美学而言，自然也是这样。思想解放的滚滚春潮，激励着一代学人意气风发、锐意创新。在最先提出生命美学的设想的1985年，我还是一个二十八岁的青年，躬逢其盛，沐浴着改革开放的春风雨露，在这个思想创新的时代成长起来。当时，邓小平"摸着石头过河""大胆试，大胆闯"的呼唤激励着所有的国人，也激励着所有的美学学者，更激励着我这个年轻的学人。而且，也仍旧是这个时代，亟待思想观念的相互撞击，需要百家争鸣、百花齐放的探讨，以便让传统观念在碰撞中更新，让真理越辩越明，让创新的思想通过激烈论战喷涌而出，并且能够像原子弹那样迸发出巨大的裂变。这就正如《国际歌》里所唱道的："让思想冲破牢笼。"确实，思想解放就是要"冲破牢笼"，美学的思考也是这样。必须看到，在改革开放之初，美学思想的桎梏是十分严重的，"打棍子，戴帽子，抓辫子"的做法也时有所见。要"冲破思想的牢笼"，也确实并非易事。何况在创新与探索的道路上，不但要与别人的陈腐思想做斗争，而且要与自身的陈腐思想做斗争；不但要否定他人，而且更要否定自己，恰似破茧化蝶，进步恰恰与痛苦同在。值得庆幸的是，生命美学没有辜负这个时代，也没有愧对这个时代。

展望未来，我要说，不论是美学的创新，还是生命美学的创新，都仍旧亟待思想解放的推动。过去的美学发展告诉我们，谁先解放思想，谁就占据主动。抢占学术创新的先机，抢抓美学发展的机遇，在美学研究中拥有主动权、话语权，都是与率先解放思想息息相关的。今后的美学发展也必将如此。因此，我们要超越昔日的辉煌，要再一次创下美学界蓬勃发展的奇迹，就必须再一次"让思想冲破牢笼"。这就正如习近平总书记在哲学社会科学工作座谈会上指出的："社会大变革的时代，一定是哲学社会科学大发展的时代。当代中国正经历着我国历史上最为广泛而深刻的社会变革，也正在进行着人类历史上最为宏大而独特的实践创新。这种前无古人的伟大实践，必将给理论创造、学术繁荣提供强大动力和广阔空间。这是一个需要理论而且一定能够产生理论的时代，这是一个需要思想而且一定能够产生思想的时代。"

我还要说，正是改革开放的时代激励着生命美学去矢志不渝地坚持真理。

思想解放，说说容易，其实却充满艰辛。现在偶尔可以看到个别学人，当年在别人大胆创新的时候，他却明里暗里大力批判，并且以此取悦权贵，借此换取一点权力、地位、头衔、项目、奖励之类的残汤剩饭。可是现在却又摇身一变，以学术创新自居，把别人筚路蓝缕、浴血奋战获得的成果说成是自己的创新，似乎创新就是一个可以随意打扮的小女孩。但是，其实当然不是如此。思想的创新，其实是无比艰难的。一个创新者，要付出的也绝对不仅仅是汗水与心血，其实还包括利害、荣辱、误解、诋毁，甚至面临着个别"学霸"要把创新者驱逐出美学界的叫嚣。也因此，三十八年后的今天，我想，我自己终于可以坦荡地说，这一切，我全都经历过了！然而，也正是改革开放的时代教会了我，绝不屈服，也绝不后退！

钱锺书先生曾经跟妻子杨绛说："要想写作而没有可能，那只会有遗恨；有条件写作而写出来的不成东西，那就只有后悔了。"而后悔的味道无疑不好受。所以，他强调说："我宁恨毋悔。""宁恨毋悔"，也是我在坚持生命美学的探索的时候最想告诉自己，也最想告诉我们这个时代的。回首前尘，从2000年到2018年，我完全离开美学界十八年左右。我离开的时候，是四十四岁，当时，我已经在美学界做成了创立生命美学这件事情，相比很多人的四十四岁，算是没有青春虚度。可是，我却不得不选择了离开。无疑，这"离开"当然不是我的主动选择。1984年底提出生命美学设想的时候，我只有二十八岁，那个时候，还是实践美学一统天下，一个年轻人竟然要分道而行，甚至要逆流而上，各方面的压力自然很大。而在当时的大学里，也还是年龄比我大二三十岁的那些老先生在"一言九鼎"。因此，是"探索"还是"狂妄"，是"认真"抑或"浮躁"，是为"真理"而"辩"还是为"学术大师"而"炒作"，我一时也百口莫辩。总之，那时的我和那时的生命美学，可以说都是人微言轻，也动辄被人所"轻"。何况，每当一种新说被提倡，总是会有一些人不是去进行学术争辩，而是去下作地做"诛心"猜测，指摘提倡者是"想出名""想牟利"，这无疑立刻就会令一个年轻人"百口莫辩"。

例如，在2000年前后，讨论生命美学简直是举步维艰。别人批判我可以，可是我只要一反驳，就被某些老先生看作是自吹自擂。他们的逻辑是："结论就是唯有生命美学一个派别可以成立，而生命美学又只有潘知常一人为代表。下一个结论就是：20世纪中国只有潘知常一人是真正的美学家。"闻听此言，我顿时无言！而且，在随后的很多年内，我都只能无言。欲加之"过"，何患无辞？可是，按照这个逻辑，对于当时出场批判我的实践美学的领军人物，是否也可以这样推论："结论就是唯有你自己的看法可以成立，而这个看法又以你为代表。下一个结论就是：20世纪中国只有你一人是对的。"再按照这个逻辑，每个学者在批评别人的时候都会被逆推为："结论就是唯有你自己的看法可以成立，而这个看法又以你为代表。下一个结论就是：20世纪中国只有你一人是对的。"所谓创新，当然就是"虽千万人，吾往矣"，可是，如果谁一旦离开"千万人"而"吾往矣"，就被加之以这样的逻辑，那创新也就必然会胎死腹中。

　　幸而我没有屈服！被迫离开美学界，我却自认为仍旧还是一个美学爱好者。借用古代荀子的话："天下有中，敢直其身；先王有道，敢行其意；上不循于乱世之君，下不俗于乱世之民；仁之所在无贫穷，仁之所亡无富贵；天下知之，则欲与天下同苦乐之；天下不知之，则傀然独立天地之间而不畏：是上勇也。"多年以来，我虽非"上勇"，但是对于"上勇"却是时时心向往之。而且，正如爱因斯坦所说："我不能容忍这样的科学家，他拿出一块木板来，寻找最薄的地方，然后在容易钻透的地方钻许多孔。"生命美学的经历也告诉我们，美学的真正探索永远不会在那些指定的思想区域里，也不在那些人为编排的所谓课题里，而是在时代艰难思考的"云深不知处"。因此，我们首先要做的，就是必须尊重自己的内心感受，文章绝不为应时而作，应权贵而作，应时髦课题而作——一次也不！因为这是一个真正的学人的尊严所在（美学界应该树立这样的"一次也不"的风气，应该以固守学人的尊严为荣）。1823年，贝多芬将《D大调庄严弥撒曲》手稿献给鲁道夫大公，并题词："出自心灵，但愿它能抵达心灵。"其实，所有的学术研究也都应该如此："出自心灵，抵达心灵。"生命美学的动力，当然也是因此。

而且，生命美学的实践也告诉我们，思想的创新还要贵在坚持。从1985年到现在，三十八年过去了，弹指一挥间，我也已经看到了太多太多的"兴衰浮沉"。但是，生命美学却仍旧在壮大，仍旧在发展，生命美学已经从过去的"百口莫辩"到了不屑一辩——因为生命美学的成长已经毋庸置疑，也已经无可否认。这让我想起，当年日本的德川家康曾被提问："杜鹃不啼，而要听它啼，有什么办法？"他的回答是："等待它啼。"这个回答，我很喜欢。很多东西，如果你等不及，那，也就等不到！对于生命美学，我也想这样说。

也因此，也许与其他美学学人不同，我在此之前的全部美学生命，都是与生命美学荣辱与共的。有一首流行歌曲唱得真好："若是没有你，我苟延残喘！"生命美学也是这样，我也可以说："若是没有你，我苟延残喘！"不过，这毕竟只是问题的一个方面。其实，生命美学的成长还有另外一个方面，这就是美学在思想解放大潮中逐步形成的宽松、宽容、相互扶助的良好氛围。过去在读《第二十二条军规》的作者海勒的《上帝知道》这部作品的时候，我曾经为其中的一句话而感动："人怎能独自温暖？"其实，在创新和探索的道路上，同样谁也不能够"独自温暖"。就我个人的经历而言，无疑也是如此。我愿意直言，这么多年来，我为此而倍感艰辛，例如，还在20世纪80年代中叶，我刚开始提倡生命美学的时候，就已经开始了磕磕碰碰。仅仅是作为"资产阶级自由化"被加以公开批判，就有两次，还在北京的一次学术会议上作为"资产阶级自由化"被美学界的代表点名批判一次。其他的曲折，就更不用去说了。但是，我却又绝对不是一个人在战斗，美学界许许多多学者或明或暗的支持，也无时无刻不令我倍感温暖。

古人云："吹尽狂沙始到金。"现在，在改革开放新时期凯歌高奏的今天，我终于可以说，生命美学的过去已经成为美好的回忆，成为传奇，也必将会进入中国当代美学史。但是，而今美学界的思想解放也仍旧并不容易。与过去截然不同，斗转星移的当今学术界，不少人已经把拿到项目的多少、获奖数目的多少、核心期刊发表论文的多少作为评判学术研究的标准。"著书"却不"立说"，在现在的学术界已经见惯不惊了，人们也早已不以为平庸，反以为光荣。"著名"却不"留名"，某些学者在当下的学术活动中地位显赫，但是在悠久的学术历史中却难寻踪迹，或许也会成为未来的一个学术景观。不过，我却始终固执己见。因为实在没有办法设想，康德与黑格尔怎么去组合一个学术团队，更无法设想，黑格尔的《哲学史讲演录》《美学》《历史哲学》《宗教哲学讲演录》竟然是他指导不同学术团队合力完成的成果。在人文科学领域，其实谁都知道，倘若如此，那只是笑柄而已。

也因此，无论别人如何选择，我多年来都是始终固执坚持不去申报诸如重大项目之类的项目的。当然，这会因此而影响诸多的"福利"，那也只能如此了。在我看来，起码对人文科学来说，对于研究成果的最高评判标准，只能是：出思想。也因此，我始终认为，在中国当代的美学界，就美学的基本理论研究而言，实践美学的提出（不仅仅是李泽厚先生，还有刘纲纪先生、蒋孔阳先生，以及新实践美学、实践存在论美学等）以及超越美学、生命美学等的问世，还包括其他一些美学新论的首创，才是当代中国美学研究中最值得关注的成就与贡献（当然，这里论及的只是"最值得关注"，因此，绝不意味着对任何认真的美学研究成果的不敬）。"尔曹身与名俱灭，不废江河万古流。"不妨大胆想象，将来在历史中终将沉淀下来的，必将也首先就是这些成就与贡献。

杜近芳曾经告诉丁晓君，当年她拜师时听到的第一句话是，王瑶卿先生问她："你是想当好角儿，还是想成好角儿？"王瑶卿先生解释说："当好角儿很容易，什么都帮你准备好了。成好角儿不是，要自己真正付出一定的辛苦，经历一番风雨，你才能成为一个好角儿。"香港也有一部电影，叫作《无间道》。我印象最深的，是其中的一位老警察问年轻的新警察一个问题："我们问你一个问题，你是想做一个警察呢，还是仅仅只想看上去是一个警察？"这个问题很尖锐，也很真实。我想说，这也正如我在研究美学的时候时时刻刻都在追问自己的："我是想做一个美学学者"呢，还是"仅仅只想看上去是一个美学学者"？而牟宗三先生在《为学与为人》中也告诫过我们，做学问就是要把自己生命中最为核心的东西挖掘出来。在我看来，牟先生的话绝对正确。想在美学界真正做学问，也只能"把自己生命中最为核心的东西挖掘出来"。至于某些课题或者项目，或者某些献媚权贵之作，某些应时之作，在我看来，都是一些伪学问，不做也罢！

二、"真正的美学应该是光明正大的人的美学、生命的美学"

无疑正是出于上述原因，三十八年后回顾往事，我首先想提及的是，倘若我当年不是过于认真，不是坚持从自己内心的困惑开始，或许也就不会有今天的生命美学研究的一系列思考了。因为，我本来是可以像很多的年轻美学学者一样，直接就从当年风行一时的实践美学起步，开始自己的美学研究的。但是，希望自己"成好角儿"而不是"当好角儿"、希望自己"做一个美学学者"而不是"仅仅只想看上去是一个美学学者"、希望"把自己生命中最为核心的东西挖掘出来"的内在追求，却使得自己从一开始就走上了生命美学的研究道路。

在这当中，一个必不可少的关键词应该叫作真相！当年活跃在美学舞台上的美学家们，有一个共同的特点，就是戴着镣铐跳舞，总是要先有一个所谓唯物论、认识论的理论框架，然后在其中推演出自己的美学理论。例如，在更早的20世纪50年代，高尔泰在写作那篇让他因之而成为"右派"的论文《论美》之前，是曾经请教过文学大家傅雷先生的。可是，后者是如何回答的呢？"辩证唯物主义和历史唯物主义早已回答了你的问题"，这就是他的回答！而我可能是赶上了改革开放的年代，因此从一开始就不愿意去受这些东西的束缚，也非常不屑于这样一种向某种意识形态"效忠"与"告白"式的美学研究。我喜欢美学，与某种意识形态的"效忠"与"告白"无关，而只有一个理由：生命的困惑。王国维先生说自己"体素羸弱，性复忧郁，人生之问题，日往复于吾前，自是始决从事于哲学"。三十八年前，我自己的"自是始决从事于"美学，也是同样如此。因此，我的美学研究，开始于生命的困惑。而通过美学思考我希望得以获知的，也只是"真相"。

具体来说，第一个，应该是我的生命困惑。作为从"文革"走出的一个"走资派"与"历史反革命分子"的子女，我对于人的解放、人的尊严、人的自由乃至人的对于美的追求有着天然的兴趣，可是，却发现当时风行的实践美学根本无法解释这一切的一切。第二个，应该是我的审美困惑。1982年初，我大学毕业，留校做了老师，教文艺理论和美学，从此开始正式接触美学。可是，在纷繁的审美现象里，有两个现象是最令我困惑不解的。一个是"爱美之心为什么人才有之（动物却没有）"，另一个是为什么"爱美之心人皆有之"。我当然希望能够从当时流行的实践美学中去寻找答案，结果却非常失望。第三个，应该是我的理论困惑。这指的是我的美学研究。当时，尽管自己仅仅是一个初学者，但是，从一开始我就认为，一个成熟的、成功的理论，必须满足理论、历史、现状三个方面的追问。令人遗憾的是，当时流行的实践美学却既没有办法在理论上令人信服地阐释审美活动的奥秘，也没有办法在历史上与中西美学家的思考对接，又没有办法解释当代的纷纭复杂的审美现象。

也许就是出于上面的三个原因（当然不止这三个原因），三十多年前，跟很多的同时代的青年美学学者不同，对于当时流行的实践美学，我竟然连一天都没有相信过。

当然，说到这里，我又要向20世纪80年代道一声"感谢"。那真是1949年以来学术研究的唯一一个黄金十年。不但思想的束缚最少，而且也没有什么部门去逼迫你申报你根本就不愿意去做，起码是不擅长去做的那些美学课题，没有什么部门去催促你发表所谓的核心期刊论文。至于到处去拉关系送礼以便评一个什么社科奖项，也从来没有什么部门会去暗自鼓励。于是，我仅仅是为了给自己"解惑答疑"而读书而思考。就是这样，在大量地阅读与紧张地思考之后，我终于发现，其实，美学困惑的破解也没有那么困难，而长期以来美学界之所以不得开其门而入，最为根本的，是因为都在"跪着"研究美学。现在，假如我们能够毅然站立起来，其实就不难发现：所谓审美活动无非就是人类生命活动的根本需要，也无非就是人类生命活动的根本需要的满足。这是一个呈现在我们面前的、看得见摸得着的事实，而且也是一个最为重要的事实。可是，美学为什么就不能够实事求是地解释这个事实的开始呢？

凑巧的是，当时我所在的郑州大学要创办一份报纸，叫作《美与当代人》，我自己也是责任编辑之一。既然是创刊，当然需要比较重磅的文章，报纸的主编张涵教授就要求我自己也写一篇文章。因为有足够的版面，又有自由发言的空间，于是，在1984年的12月12日的冬夜，我就写了一篇文章，叫《美学何处去》。我正式提出了自己的看法，认为："真正的美学应该是光明正大的人的美学、生命的美学。美学应该爆发一场真正的'哥白尼式的革命'，应该进行一场彻底的'人本学还原'，应该向人的生命活动还原，向感性还原，从而赋予美学以人类学的意义。""因此，美学有其自身深刻的思路和广阔的视野。它远远不是一个艺术文化的问题，而是一个审美文化的问题，一个'生命的自由表现'的问题。"

对我来说，这篇文章就是我提出和研究生命美学的开始，我与生命美学的渊源也就是从这篇文章开始的。后来，在1989年出版的《众妙之门——中国美感心态的深层结构》里，我又提出"美是自由的境界"，提出"现代意义上的美学应该是以研究审美活动与人类生存状态之间关系为核心的美学"。①在1990年第8期《百科知识》，我又发表了《生命活

---

① 潘知常：《众妙之门——中国美感心态的深层结构》，黄河文艺出版社1989年版，第4页。

动：美学的现代视界》一文。1991年，我在河南人民出版社出版了《生命美学》。现在，美学界一般都把我这本书的出版，看作生命美学学派的正式诞生。

至于写作那篇文章的缘起，则是因为，在我看来，生命原本就与美学的关系最为密切。可是，为什么人们却偏偏视而不见？原来，他们是错误地把生命抽象化了。结果，就只能从"物"的角度来看待生命，也就是从生物动物的角度去看待生命，或者转而从"物"的反面——"非物"亦即"神"的角度（这其实是一种变相的"见物不见人"）去看待生命。自然，从"物"的角度是根本无法看到生命的，只能"见物不见人""见物不见生命"，结果就必然把生命加以抽象化和片面化的理解，例如物性化或者神性化。不是"物"的一无所知，就是"神"的无所不知，总之是单一本性，或者把握为物，或者把握为神，但是却都不是用符合人的生命本性的方式来把握人的生命本身。换言之，"生命"本来并不简单，但是人们总是混同于"自然的生命""动物的生命""神的生命"。因此也就总是在用知识论的思维范式思考问题，或者是"物"，或者是"神"，或者是理性，或此或彼，肉体与灵魂、野兽与天使绝对不能兼容，是矛盾的，也是二律背反的，总之都是从"对象"的角度、"抽象"的角度去考察。由此，从"自然的生命""动物的生命""神的生命"的角度的界定，无非也就是"属加种差"的方式，或者"动物＋X"、动物＋附加值的方式。这样，审美活动也就只能在"动物"的或者"神"的奢侈品、附属品的意义上存在，于是当然也就无法从逻辑上把生命真正与美学挂起钩来，美学与生命的联姻因此也就成为不可能。①

然而，一旦将视线从"物的逻辑"转向"人的逻辑"，从"物的思维"转向"人的思维"，关于生命与美学的关系的困惑也就迎刃而解。

人来自物，但却不是物。当我们宣称"人就是人"的时候，也就意味着生命已经超越了物的本能、本性，并且使生命具有超生命的更高目的、更高目标。换言之，人尽管来自生命，但又必须超越生命，而且还必须转而主宰自己的生命，这是人之为人的关键。在人的生命这一神奇现象之上，我们看到的是一种二重性的现象：原生命与超生命。因此，人的生命是原生命，也是超生命。前者意味着"人直接地是自然存在

---

① 认真总结一下，不难发现，当代中国关于美学研究已经提出了多种路径，例如认识的、实践的等，但是，在1985年以前，却始终没有生命的路径。其中的原因就在这里。

物"[1]，后者则意味着人更是"有意识的存在物"[2]。生命是自然与文化的相乘，或者，生命还是自然进化与文化进化的相乘！人的生命，并不只是大自然的赋予，而且是人自己的生命活动的作品。人，没有先在的本质，他的生命活动决定了他的本质；人没有前定本性，也没有固定本性；人是生成为人的，也就是说，人不是先天给予的，而是后天生成的；人是动物与文化的相乘。人之为人，就其根本而言，已经根本不是什么什么的动物，而是从动物生命走向了全新的生命。换言之，人的生命应该是基因＋文化的协同进化，也应该是动物生命与文化生命的协同进化，或者，人的生命还应该是原生命与超生命的协同进化！这就类似于物理学的"波粒二象性"："现在有两种相互矛盾的实在的图景，两者中的任何一个都不能圆满的解释所有的光的现象，但是联合起来就能够了。"[3]因此我们知道，光，既是粒子，也是波。人的生命也是一样，势必既是基因的，也是文化的；既是动物生命的，也是文化生命的。总

---

[1]　中共中央马克思恩格斯列宁斯大林著作编译局编译：《马克思恩格斯全集》（第42卷），人民出版社1979年版，第169页。

[2]　中共中央马克思恩格斯列宁斯大林著作编译局编译：《马克思恩格斯全集》（第42卷），人民出版社1979年版，第96页。

[3]　［美］爱因斯坦，［波兰］英费尔德：《物理学的进化》，周肇威译，上海科学技术出版社1962年版，第192页。

之，人的生命既是原生命的，也是超生命的。①

由此不难发现，审美活动与物质实践相同，都是起源于生命，也都是生命中的必需与必然。审美活动并非居于物质实践之后，并非仅仅源于物质实践，并非仅仅是物质实践的附属品、奢侈品。换言之，物质实践与审美活动都是生命的"所然"，只有生命本身，才是这一切的"所以然"。人类无疑是先有生命然后才有实践，生命无疑要比物质实践更多也更根本地贴近审美活动的根源。因此，生命进入美学的视野，也就理所当然。而且，由于生命是先于物质实践的，因此，从生命出发也就当然要先于从物质实践出发。这样，与"实践"美学相互比较，把美学称为"生命"美学，显然更为合适，也显然更加贴近真相、更加贴近根本。再从逻辑的角度看，在生命美学看来，审美活动与生命有着直接的对应关系，但是与物质实践却只有着间接的对应关系。审美活动不是人类其他活动——例如物质实践的派生物，而是人类因为自己的生命需要而产生的意在满足自己的生命需要的特殊活动。审美活动无法被还原为物质实践，这是由审美活动的超越性所决定的。既然"从来就没有救世主"，生命自身的"块然自生"也就合乎逻辑地成为

①　参见潘知常：《实践美学的美学困局——就教于李泽厚先生》，《文艺争鸣》2019年3期。

亟待直面的问题。也因此，借助揭示审美活动的奥秘去揭示生命的奥秘，就成为新时代的必然。换言之，破解审美活动的亘古奥秘也就成为破解包括宇宙大生命与人类小生命在内的自鼓励、自反馈、自组织、自协同的生命自控巨系统这一内在于生命的第一推动力的亘古奥秘的一个重大契机。

因此，美学的秘密在于生命，美学的秘密就是生命的秘密。美学的本性、美学的合法性根据，就来自对于生命的神奇——审美活动令人信服的揭示。生命，是美学永恒的主旋律，也是美学永远的主题。而且，生命与美学同源同构。这也就是说，在"美学"与"生命"之间存在着一而二、二而一的循环。①一方面，美学的秘密在生命；另一方面，生命的秘密也在美学。因此，对于美学的理解必须借助生命，而对于生命的理解也必须借助美学，深入理解美学与深入理解生命是彼此一致的。美学研究的，当然是审美活动，但是美学所呈现的，却是对人自身生命的诠释。当然，实践美学等也主张从人出发去看待审美活动或者因为人而去研究审美活动，但是，生命美学却有所不同。因为在生命美学看来，重要的是，亟待从对

---

① 在美学界，我在1985年提出了生命美学。在哲学界，高清海在20世纪90年代末提出了"类哲学"，而且关注到哲学与生命之间的内在循环，在我看来，这其实也就是生命哲学。因此高清海的研究成果不但是对生命美学研究的支持，而且也给生命美学研究以启迪。

于自身生命的理解出发去研究审美活动。人之为人，怎么去理解自身的生命，也就怎么去理解美学。由此，美学之为美学，也就必须是也只能是生命美学，因为美学即人类生命意识的觉醒。它的评判标准也必然是：在其中人类生命意识是否已经觉醒，它所表达的是否是人类生命意识的觉醒。美学之为美学，无非只是以理论的方式为人类生命提供了它所期待着的这一觉醒。同时，人之为人的自觉一旦改变，美学自身也就一定会或迟或早发生相应改变。生命美学是美学的生命觉醒与生命的美学觉醒的内在统一。具体而言，从美学的生命与生命的美学的角度看，美学源于生命；从美学的存在与生命的存在的角度看，美学同于生命；从美学的自觉与生命的自觉的角度看，美学为了生命。因此，美学本身的确立，必须以是否回答了生命中的美学奥秘为标准。换言之，我们怎样理解美学，也就怎样理解人的生命；我们怎样理解人的生命，也就怎样理解美学。

因此，美学之为美学，就是研究进入审美关系的人类生命活动的意义与价值的美学，就是关于人类审美活动的意义与价值之学。其间，存在着美学与生命的互生！美学，不但复归生命的天命、再建生命的信心、重塑生命的价值、贴近生命的根本、揭示生命的真相、引领生命的成长、追寻生命的意义、提升生命的质量，进入生命，唤醒生命，而且也是对于生命世界的积极重构。生命在人类审美中的不可或缺的位置，在生命美学中得到了充分的体现。

美学的大门也因此而应声洞开！

不过，生命美学的发展也有一个过程。在最初的十年里，我主要是围绕着个体生命的角度来阐释审美活动。1997年，我把自己关于生命美学的想法做了第二遍的梳理，出版了《诗与思的对话——审美活动的本体论内涵及其现代阐释》（上海三联书店）。2002年，我又出版了《生命美学论稿》（郑州大学出版社），这意味着我把自己关于生命美学的想法又重新梳理了一遍。也因此，我一般都把自己从1984年底开始的美学研究称为"个体的觉醒"。然而，随着时间的推移，我逐渐发现，仅仅从个体的角度去研究美学还是不够的，审美活动虽然是"主观"的，但是，它所期望证明的东西却是"普遍必然"的。换言之，审美活动能够表达的，只是"存在者"，但是，它所期望表达的却是"存在"；审美活动能够表达的，只是"是什么"，但是，它所期望表达的却是"是"；审美活动能够表达的，只是"感觉到自身"，但是，它所期望表达的却是"思维到自身"；审美活动能够表达的，只是"有限性"，但是，它所期望表达的却是"无限性"。这样，对于"普遍必然""存在""是"和"思维到自身"的关注，简而言之，对于"无限性"的关注，让我意识到了信仰维度在美学思考中的极端重要性。

"信仰启蒙"，就是这样进入了我的视野。2001年的春天，在从1984年底开始的整整十六年的苦苦求索之后，我在美国纽约的圣帕特里克大教堂终于找到了"通向生命之门"。那一天，我在纽约的圣帕特里克大教堂深思了很长时间，从下午一直到晚上关门。在走出圣帕特里克大教堂的时候，我已经清楚地意识到：个体的诞生必然以信仰与爱作为必要的对应，因此，为美学补上信仰的维度、爱的维度，是生命美学所必须面对的问题。这就是说，人类的审美活动与人类个体生命之间的对应也必然导致与人类的信仰维度、爱的维度的对应。美学之为美学，不但应该是对于人类的审美活动与人类个体生命之间的对应的阐释，而且还应该是对于人类的审美活动与人类的信仰维度、爱的维度的对应的阐释。

在应比较文学学会会长乐黛云先生之邀所写的《王国维：独上高楼》（文津出版社2005年版）的"后记"中，我曾经引用西方诗人里尔克的一首诗说："没有认清痛苦，/爱也没有学成，/那在死中携我们而去的东西，/其帷幕还未被揭开。"我非常欣赏这几句诗，在我看来，它就是上个世纪百年中国美学的写照。令我欣慰的是，经过多年的求索，我首先是"认清痛苦"（"个体的觉醒"），继而是"学成"了爱（"信仰的觉醒"），最终开始了"神问""信仰维度之问""终极关怀之问"和"爱之问"，生命美学的"帷幕"由此得以彻底"揭开"。

顺理成章地，2009年，在江西人民出版社，我出版了《我爱故我在——生命美学的视界》。继而，2012年，我把自己关于生命美学的想法梳理了第四遍，出版了《没有美万万不能——美学导论》（人民出版社）。至此，经过二十八年的努力，在"个体的觉醒"与"信仰的觉醒"的基础上，我关于生命美学的思考基本趋于定型，也基本趋于成熟。

当然，这还不是结束。2019年，我在人民出版社出版55万字的专著《信仰建构中的审美救赎》。2021年，我在中国社会科学出版社出版72万字的专著《走向生命美学——后美学时代的美学建构》，又进一步阐释了自己的看法。并且，预计在2023年底，我还会在中国社会科学出版社出版一部74万字左右的新著《我审美故我在》，也许，那将是我关于生命美学的长期思考的一个比较成熟的总结。

三、"美学的觉醒"

生命美学的起步，是从对于国内美学界的根本困惑的突破开始的。

在生命美学之前，中国当代的包括实践美学在内的所有美学探索，尽管不可谓不认真，但是，在我看来，路径却都有所失误。因为，它们都坚持"美是客观的"，都怕被说成是

"唯心主义"。蔡仪的美学不用去说了，朱光潜的美学也不用去说了，即便是李泽厚的美学，也是如此。李泽厚的美学其实已经意识到了人与审美对象的关系，我们知道，其实，早在康德那里就已经指明：审美活动的根本奥秘，就是"主观的普遍必然性"。换言之，审美活动的根本奥秘在于：它是主观的客观，又是客观的主观；它是客观的生命活动，然而又偏偏是以主观的精神活动的形式表现出来。因此，只要从"审美活动使对象产生价值与意义"的角度出发，就不难进而破解审美活动的奥秘。可是，由于既不敢逾越"反映—认识"的框架，也不敢逾越"劳动创造美"的金口玉言，于是李泽厚的美学就只好千方百计把美论证为"社会存在"，把美感论证为"社会意识"，一方面去竭力诋毁审美活动，认定它不能创造美，只能反映美；另一方面，抬高物质实践活动，认定只有物质实践活动才能创造美。结果，通过笨拙地绕道物质实践活动，先论证物质实践活动创造了美，然后再论证审美活动反映了美，由此，李泽厚先生就自以为可以大功告成了。可是，所谓的社会本质、人的本质力量到底是怎样积淀成美的？人类物质实践活动创造的很多东西为什么不美？人类的物质实践活动没有创造的月亮为什么却很美？实践美学却总是解释不清，因为，它从一开始就是错误百出的。例如，对马克思说的"劳动创造了美"的理解就完全不对，对马克思的"人的对象化"与"对象的人化"也理解得完全不对。就后者而言，本来应该从"人"的角度去理解，但是，李泽厚的美学却偏偏从"物"的角度去加以理解，如此等等。

还有美学家提出过"美在和谐"。"美在和谐"就是美在关系。然而，所谓"关系"，其实只是对审美发生的条件的考察，但却不是对于审美的本体性的揭示。列宁说：仅仅相互作用等于空洞无物。因此，"美在和谐"也还是没有涉及问题的解决。

严格而言，稍好一点的，倒是高尔泰。在当时的美学喧嚣中，他是唯一一位能够超脱而出的美学家。我想，为美学而美学的真诚以及艺术创作的切身实践，在其中可能是起到了至关重要的作用。他不怕被批评为"唯心主义"，毅然决然地提出：美感创造美。坦率说，高尔泰先生这样说，无疑是出于一种正确的审美感觉。遗憾的是，他毕竟多年以来根本就得不到一张书桌，也没有机会去长篇大论地加以论述，因此，也就无法去有逻辑地阐释自己的那种正确的审美感觉。例如，犹如西方的直觉说、移情说、表现说、游戏说、距离说，在他那里，审美活动又成为一种主观的精神活动，没有了客观的属性。无疑，高尔泰先生由此也就误入了歧途。

其实，问题的关键在于：美并不是客观的存在。试想，柏拉图为什么会提示说，猴子本来是"最美的"，但是与人相比，却"还是丑"？他的言下之意，恰恰就正是在说明：美并不客观。外在世界只是审美愉悦的契机，至于审美愉悦的原因，那还是存在于审美活动自身。

也因此，传统的"认识—反映"框架只适合研究物性，并不适合研究人性。因为在对象身上寻找一种美的客观属性，是不现实的。鲜花亘古如斯，然而，从历经了"不美"到"美"的演进，对于今人，其中的美客观存在；对于古人，其中的美却客观不存在。显然，客体对象的固有的自然性质——物理属性、化学属性尽管亘古存在，但是，美却并不亘古存在。换言之，鲜花成为审美对象，并不来自具有价值的"鲜花"，而是来自审美活动对于"鲜花"的价值评价。值此之际，鲜花所呈现的，也只是自身中那些远远超出自身特性的某种能够充分满足人类的特性，也就是某种能够满足人类自身的价值。而鲜花身上的某种能够满足人类自身的价值中的共同的价值属性，就是美。

另一方面，美不是客观的，但是，作为生命活动的一种，审美活动本身却是客观的。千万不能因为它以一种主观的精神活动的形式表现出来就否认它的客观性，就误以为它无法创造价值与意义（区别于李泽厚的美学），但是，也千万不能因为它以一种主观的精神活动的形式表现出来就误以为它就仅仅是主观的（区别于高尔泰的美学）。因为一旦陷入"主观"

的陷阱，也就无法对于审美活动的价值与意义的创造做出准确的说明。

事实上，审美活动所从事的，不啻一次精神产品的生产。它不但与主观的心理活动、感觉活动相联系，也与客观的审美存在、审美需要、审美能力相联系，实质上是一种以主观的精神活动的形式出现的客观的生命活动。而且，作为一种客观的生命活动，审美活动尽管无法改变外在世界，但是，它却可以使得外在世界产生价值与意义，审美活动无法创造外在世界，但却可以创造外在世界的美。当然，审美活动面对的不是普遍概念而是具体概念，不是抽象普遍性而是具体普遍性。它是从特殊（主观）出发去寻找普遍（必然性）的一种生命活动。它所面对的外在世界也不是与自身对立的世界，而是自身直接生活于其中的世界，是由自身所构成的世界。也因此，它在外在世界身上看到的，其实完全是自己所希望看到的东西，而这，就正是外在世界的价值与意义。这，应该就是康德的"主观的普遍必然性"所提示的真正含义！

这样，在实践美学那里，是"反映—认识"的框架，是一切依赖于物质实践活动，人与对象的关系被颠倒了，对象决定了人，美也决定了人（自由的形式，也还是形式化的客体）。而在生命美学这里，是"价值—意义"框架，是一切依赖于审美活动，对象是被审美活动创造的，美也是被审美活动创造的。

所以，简单地说，直面主观的客观、客观的主观所导致的困惑，把被实践美学颠倒过去的再颠倒过来，这，就是生命美学。

同时，因为审美活动是必须对象地进行的一种活动，是在外在对象上获得精神愉悦，"精神愉悦"，则成为其中的关键特征。这意味着：审美活动其实是在通过借助外在对象来创造一个非我的世界的办法来证明自己，也就是通过去主动地构造一个非我的世界来展示人的自我。正如马克思所说的，只有通过外在对象，人"才能表现自己的生命"。不过，这里的外在世界不是满足人的物质享受的物质产品，而是满足人的精神享受的精神产品。由此，其中的关键不是"反映"，而是"选择"。"选择"的根本原则，则是人类是乐于接受、乐于接近、乐于欣赏，还是不乐于接受、不乐于接近、不乐于欣赏。因此，这是一种价值与意义的"有利于"，而不是一种生理的"有利于"，也不是从对象身上获取生理快乐，而是从对象身上获取精神愉悦，是在客体对象身上创造美，在客体对象身上做出有利于自己的选择。

也因此，与通过非我的世界来见证自己之不同的实践活动不同，审美活动是创造一个非我的世界以便从外在对象身上去获取精神愉悦。这样一来，那就只有主体首先在通过借助外在对象来创造一个非我的世界的过程中显示出自己的丰富性，被借助的外在对象才会相应地对人显示出它的丰富性。因此，审美活动在对象身上看到的人的全部、人的未来、人的理想、人所向往的一切，都正是人之为人最为真实的自身的全部、未来、理想与所向往的一切。正如马克思所说："我们现在假定人就是人，而人同世界的关系是一种人的关系，那么你就只能用爱来交换爱，只能用信任来交换信任，等等。"①他说"假定人就是人"，那也就是说，假定我们从"人就是人""人同世界的关系是一种人的关系""只能用爱来交换爱，只能用信任来交换信任"的角度去看待外在世界，那么，也就必然从人之为人最为真实的自身的全部、未来、理想与所向往的一切的角度去看待外在世界。于是，也就必然导致信仰、爱与终极关怀的出场。

不难看出，这，也正是我在生命美学的研究中一再强调"信仰的觉醒"，一再强调爱的觉醒，也一再强调终极关怀的觉醒原因之所在。因为所谓信仰、爱和终极关怀，无非也就是"人就是人""人同世界的关系是一种人的关系""只能用爱来交换爱，只能用信任来交换信任"，无非也就是人之为人最

---

① 中共中央马克思恩格斯列宁斯大林著作编译局编译：《马克思恩格斯全集》（第42卷），人民出版社1979年版，第155页。

为真实的自身的全部、未来、理想与所向往的一切。

也因此，在生命美学，在意识到生命与美学的内在关系之后，就还亟待从"人的觉醒"起步，而且也亟待从超越主客关系的当代取向与超越知识框架的提问方式上路。

就前者而言，生命美学所谓的"生命"对应于"生命比生命更多"和"生命超越生命"的生命。它全然是在物质实践的视境之外的，也全然是在物质实践的视境之上的。倘若一定要无视这一切，一定要把审美活动等同于物质实践，则无异于美学的自杀。实践之为实践，究其实质，无非就是审美活动发生的基础和条件，但不等于就是审美活动。当然，也正是因此，生命美学才始终坚持认为：超越必然的自由即自由的主观性、超越性问题存，则生命美学存；超越必然的自由即自由的主观性、超越性问题亡，则生命美学亡。

同样，生命美学才始终坚持认为：传统的追问方式追问的是"人是什么"，然而真正的追问方式却应该是"人之所是"。马克思指出："自由不仅包括我靠什么生存，而且也包括我怎样生存，不仅包括我实现自由，而且也包括我在自由地实现自由。"[①]这里的"靠什么生存""实现自由"指的就

---

① 中共中央马克思恩格斯列宁斯大林著作编译局编译：《马克思恩格斯全集》（第1卷），人民出版社1956年版，第77页。

是对于必然的把握，而这里的"怎样生存""自由地实现自由"，指的则是超越必然的自由即自由的主观性、超越性。

其中的关键在于，从生命活动入手来研究美学，不但涉及人的活动性质的角度，更涉及人的活动者的性质的角度。而就人的活动者的性质的角度来看，只有从"人是目的"走向"个人就是目的"，从"我们的困惑"走向"我的困惑"，才能够最终走向"美学的觉醒"，才能够最终从理性高于情感、知识高于生命、概念高于直觉、本质高于自由，回到情感高于理性、生命高于知识、直觉高于概念、自由高于本质，也才能够从认识回到创造，从反映回到选择。总之，只有如此，才能够回到审美，所谓"我在，故我审美！"。

于是，理所当然地，审美活动成为个体生存的对应形式。生命美学则意味着生存论、现象学、解释学的统一。它强调的已经不再是与世界之间的知识关系，而是与世界之间的存在关系。同时，生命美学还是关于"我"所建构的世界的现象学。当然，生命美学关于我与世界的关系的现象学还必须是解释学的。存在论、现象学和解释学的三位一体，正是生命美学的基本特征。

在此基础上，生命美学从"自由"走向了"选择"。"因缘合，诸法即生"，人类所面对的只有一个决定性与非决定性彼此互补的世界——可能性的世界。因此，审美活动无论如何都不可能出自"积淀"，而只能出自对于"积淀"的"扬弃"，亦即不能出自决定性而是出自非决定性。人与物之截然不同，就在于物之为物是本质先于存在的，人则是存在先于本质。即是说，与物的本质的前定、设定、固定不同，人的本质是人自己选择的结果，是开放、生成、变化的。人是按照自己的自由意志而造就他自身，因而一个人不仅就是他自己所设想的人，而且是自己所志愿变成的人。人的本质是自己选择的，人的未来是自己造就的，人的前途和命运也是自己决定的。换言之，人的自由是绝对的。有了自由，人才能在许多可能性中进行选择，创造自己的本质。而且，正因为人是自由的，人也必须进行选择。自由是拥有选择的能力。人的本质是人自己选择的结果。它是对于可能性的寻找，因此也就必然往往与创新、开拓、超越相关，必然远离本质，必然无法用一个定型的现成的人性来说明人自身。萨特把"存在先于本质"看作"存在主义的第一原理"，提示的就是这个道理。自由意志因此脱颖而出。终于，在"上帝""理性"之外，在"从来就没有救世主"，生命自身的"块然自生"也合乎逻辑地成为亟待直面的问题的时候，在昔日的"上帝"变成了今天的"自己"，"生命的法则""生命的逻辑"成为"天算""天机""天问"的时候，万物皆"流"，生生不已；万物曰"易"，演化相续。逝者未逝，未来已来，如何去寻觅大千世界的背后的一以贯之的"大道"或者"源代码"？又如何去阐释审美与艺术在其中的重要作用？生命美学找到了可以成功阐释审美与艺术的第三条道路——也是唯一正确的道路。

由此，生命美学的全部内容得以合乎逻辑地全部加以展开。

而就后者而言，既然必然性的领域是知识的领域，而美学的领域职责是对于必然性领域的超出（所以康德才强调"限制知识"，这是西方的美学觉醒），这样，生命美学的研究就必然要超出传统的知识论框架，必然要为自身建构一种全新的提问方式（活生生的东西是否能够成为科学，如何"说'不可说'"），从而使自身从发现规律、寻找本质的知识与思的对话转向超越自我、提升境界的生命与思的对话（老子称之为"学不学"）。这意味着，首先，从美学的特定视界、根本规定的角度，突破过去的主客关系的视界，从而把美学的对象转换为：在自由体验中形成的活生生的东西、"不可说"的东西；其次，从美学的特定范型、逻辑规定的角度，突破过去的知识论的阐释框架，从而把美学的方法转换为：阐释那在自由体验中形成的活生生的东西，"说'不可说'"的东西；从美学的特定形态、构成规定的角度，突破过去的知识型的学科形态，从而把美学的学科形态转换为：在阐释自由体验中形成的活生生的东西、"说'不可说'"的东西的同时超越自我、提升境界的人文学。也因此，从知识型美学中警醒，并且义无反顾地从知识型美学转向智慧型美学，就成为生命美学的唯一选择！

四、生命美学已经为自己赢得了应有的尊严

中国的改革开放的新时期，造就了生命美学。同时，生命美学也没有愧对中国的改革开放的新时期。

回首往事，三十八年前开始提倡生命美学的时候，我只是为了直面自己的种种困惑，只是不肯背对"真相"。可是，正如西方那个著名的首先倾听上帝而不是谈论上帝的卡尔·巴特在描述自己写作《〈罗马书〉注释》一书时的心路历程时所说的："当我回顾自己走过的历程时，我觉得自己就像一个沿着教堂钟楼黑暗的楼道往上爬的人，他力图稳住身子，伸手摸索楼梯的扶手，可是抓住的却不是扶手而是钟绳。令他非常害怕的是，随后他便不得不听着那巨大的钟声在他的头上震响，而且不只在他一个人的头上震响。"这，也是我在三十八年中所走过的心路历程！

三十八年来，尽管经过了种种磨难，可是，现在无论是谁，都再也无法掩住自己的耳朵，自我欺骗地声称：他没有听到生命美学"那巨大的钟声在他的头上震响"。

当然，生命美学还需要自我深化。不过，这一切毕竟还

是后话。在今天，生命美学更加需要面对的，是历史的已经迟到了的肯定。而且，我认为，经过三十八年的艰苦努力，生命美学已经为自己赢得了应有的尊严。也因此，正如在《人类群星闪耀时》中作者茨威格曾经说过的，"一个人生命中最大的幸运，莫过于在他的人生中途，即在他年富力强的时候发现了自己的使命"，其实，这也是我"生命中最大的幸运"！

而且，我还要说，在过去的三十八年里，我也确实是尽到了自己的"不欺之力"。我本人完全离开美学界的十八年（十八年里，连在学术会议中、在美学同行中宣传生命美学的机会都几乎一次也没有过，更不要说"自我炒作"了），更是无可辩驳地反而证明了生命美学的强大生命力。①

李敖有诗云："坏的终能变得好；/弱的总会变得壮；/谁能想到丑陋的一个蛹，/却会变成翩翩的蝴蝶模样？/像一朵入夜的荷花；/像一只归巢的宿鸟；/或像一个隐居的老哲人，/

---

① 我2000年从南京大学中文系转入南京大学新闻传播学系，改为招收传播学硕士与博士，上的课也不再是美学，而是策划与创意策略、传播与文化。美学研究成为业余，美学课也只是我一直在坚持上的全校公选课。后来前往澳门高校十三年，还是如此。在澳门，我担任过主持工作的创院副院长以及负责大学的筹备工作，也仍旧是在新闻传播学的领域。而且，我1993年曾当选为中华美学学会的理事与全国青年美学研究会的副会长，但是从2000年以后，直到2020年，我在20年里始终没有参与过学会的改选工作。我正式回到美学界，可以从2018年《美与时代》举办的为时一年的关于生命美学的专栏讨论开始。因为，该刊邀请我担任该专栏的特别主持。

我消逝了我所有的锋芒与光亮。/漆黑的隧道终会凿穿；/千仞的高岗必被爬上。/当百花凋谢的日子，/我将归来开放！"

在历经了三十八年的美学岁月之后，面对即将来临的未来，我也想说：

"我将归来开放！"

生命美学，也"将归来开放！"。

而这，也就正是我们对于即将来临的全新的美学未来的美好期待！

第二章 生命美学：从"康德以后"到"尼采以后"

一、"美学的终结与思的任务"

生命美学的思考，是从"尼采以后"开始的，或者叫作"美学的终结与思的任务——从'康德以后'到'尼采以后'"。

美学研究，可以直接面对问题，但是，这只有"天才"才能够胜任，例如庄子。在中国思想史上，其他的思想家都是思想脉络清晰，例如，孔子就是"吾从周"，庄子不同，完全是天马行空，天外来客，一无依傍，空无古人，很难看得清他的"来龙"是什么。维特根斯坦也如此，打仗的时候，他在战场上写了著名的《战时笔记（1914—1917）》。总之，他们都是"自己讲"。还有，就是直接面对学术史，不是"自己讲"，而是"接着讲"，借道学术史来讨论学术。一般而言，学者，既不是天才，也没有那么高的天赋。换言之，上帝没有赏我们

"学术"这碗饭吃，那么，最好的方式，就是从学术史出发，间接地面对学术问题，直接地面对学术历史。当年欧洲的大诗人里尔克去给罗丹当秘书，一见面就吃了一惊，他说：我眼前的罗丹是一个"老人"。可是，当时罗丹才四十多岁，怎么就成了一个老人了呢？原来，里尔克说的是在罗丹身上可以看到历史的沧桑和沧桑的历史。同样，我们在说到一个学者的时候，也经常说，这个学者的背后一定要有学术史。我们要看得到他是读哪本书成功的，是从哪一段学术史起家的，就好像我们看书法，好的书法往往笔笔都有来历，每一笔都有出处，不可能随手涂抹，肆意比画。武术的名家也一样，一出手，一拳一脚都有出处。1984年，我就提出：美学理论是美学历史的逻辑浓缩，美学历史是美学理论的具体展开。所以，当我们研究理论的时候，不一定直接去研究理论，而可以去研究历史；当我们研究历史的时候，也不一定就是在研究历史，而也可以是在研究理论。因为他们之间本来是内在贯通的。也因此，多年来，我一直十分喜欢陈寅恪先生的一句诗："后世相知或有缘。"美学的历史是可以折叠的。有时候出发就是归来，有时候归来也是出发。美学不会终结，这与自然科学不同。比如说物理学，爱因斯坦的物理学出来以后，牛顿的物理学你可以不看。但是美学不是这样的，它有时候偏偏要回到过去。即便有了新学说，旧的学说也仍旧还独立存在，甚至，新的思想往往还是从旧的学说出发，所以"后世相知或有缘"。

生命美学也是如此。因为我提出生命美学的时候只有二十八岁，在新时期以来的美学史上，提出新说的美学家一般都是四十岁到六十岁之间。而且，这些提出新说的美学家一般也都要比我晚十到二十年，因此，我所遇到的误解与不理解也就要更加多些。例如，有人会说："他异想天开。"当然，李泽厚的不认可也起到了推波助澜的作用。新时期以来，被李泽厚公开批评过六次的，也许就只有我了。不过，后来我也慢慢开始心态平和了。因为我现在年纪也逐渐大了，也到了李泽厚当年的年龄，甚至超过了李泽厚当年的年龄。我现在再看学术界的那些二十多岁的年轻人，再看我们学院那些二十多岁的年轻博士，我也觉得：他竟然敢提出一个新想法、新学说？而且还很固执，屡劝不改？这怎么可能呢？不过才二十多岁。但是，而今回头来看，我必须说，其实，从1985年开始提出自己的美学新想法、新学说的时候，我的背后也是有"来历"、有"家谱"的，或者说，我也属于"后世相知或有缘"。我其实是在"照着讲"的基础上"接着讲"。在我背后有两大支撑：一个是中国的古代美学；一个是西方的生命美学，尤其是尼采的生命美学。"生命为体，中西为用"，则是我的立场。在这方面，有研究者曾经误解，以为我的起步是从基督教美学思想开始的，其实完全不然。多年以来，我学习、研究最多的是尼采。而且，我还必须强调，其实这也不是我一个人的选择。王国维研究美学是从谁入手的呢？是生命美学。他一开始是从康德入手，但是却没有看懂，于是，就转向了叔本华。结果，就造就了王国维之为王国维。再看宗白华、方东美，他们是怎么成功的呢？他们入门的地方还是生命美学，是柏格森。朱光潜也不例外，同样是生命美学。朱光潜老年时曾经痛悔过，因为他起步的时候就是从叔本华、尼采开始的，但是，后来因为胆怯，就向世人宣告：他是从克罗齐起家的。而且，我愿意设想，以朱先生的天赋与深厚造诣，如果坚持一开始的选择，坚持叔本华、尼采，他的成就应该会很大。还有鲁迅，鲁迅当然是尼采的传人。鲁迅自己就说过，托尔斯泰、尼采是他的偶像。无疑，他这样说，绝不是偶然的。①

---

① 还亟待指出的是，当然也不仅仅只是尼采。一般而言，"康德以后"，是发现了人类的理性无法寻觅到生命的意义。"尼采以后"，则是进而发现：这所谓的生命的意义其实并不存在。因此人类需要的不是"弯道超车"，而是"换道超车"，去转而重新寻找生命的意义。但是此后的萨特却只看到了结束旧道路的方面，没有看到开创新道路的方面。因此走向了"价值虚无主义"。这就是所谓的无神论存在主义。然而，重估一切并不是否定一切，转向多元的阐释也并非转向信口雌黄。有为所欲为的自由更不等于就有了为所欲为的理由。由此，加缪的无神论的人道主义、后现代的人道主义得以问世。不过，它并不是简单地回到"原罪—忏悔—救赎（上帝）"的路子，更不是立足于彼岸世界的"原罪""忏悔"……当然，也没有走向价值虚无主义，而是走向了"自由—反抗—救赎（审美）"，走向固执地立足于有死之身、有限之生，毅然在无望的世界奏响生命的凯歌。

人们常说，一个美学大家，一定是从"入门须正"开始的，如果入门正，后来的研究又有"来历"，有"家谱"，所谓成功，也就指日可待了。幸运的是，我的美学起步，也是生命美学，也是尼采。

而且，多年以来，我所关注的问题，就是从"康德以后"到"尼采以后"，或者叫作"接着'尼采以后'讲"。

当然，这与我们一直所置身的美学现场有关。我们每一个美学学者都有一个痛楚的感觉，就是"美学有什么用"。我们总是要为自己的美学辩护，总是要为自己的美学提供解释。我从来没有看到一个学物理学、学化学的学者整天跟人家解释物理学的重要性、化学的重要性，但是我们搞美学的人好像有点痛苦，我们总是要跟别人解释，这是因为什么。[①]何况，我要说，恰恰在这之中，蕴含着美学的最为深刻的秘密。

原来，我们进入美学界的时候，都是被康德、尼采这样的美学大家"感召"进来的——就好像西方基督教所说的"召唤"，我们都是被美学大家"召唤"进来的。但是，进来以后我们却发现：他们都在哲学教研室，而我们却在美学教研室。跟我们一起工作的，都是另外一些人，他们并没有"感召"过

---

① "地质学家能在两分钟之内向我们说清楚什么是地质学，但究竟什么是美学，至今众说纷纭，莫衷一是。"［美］布洛克：《美学新解》，滕守尧译，辽宁人民出版社1987年版，第1页。

我们。那么，前者与后者有什么区别呢？前者诸如康德、尼采等都是思想家，后者诸如我们的那些同事等却只是教授。当然，教授也很好，我并没有贬低教授的意思，但是，两者毕竟并不相同。我们是被思想家带入美学界的，可是我们做的却是教授的工作，这是一个所有从事美学研究的学者必须一入门就思考清楚的，否则，你"入门"就不"正"，就可能研究了一辈子最后却发现：竟然是黄粱一梦。

例如，如果把康德、尼采这些人抛开，把海德格尔、阿多诺这些人抛开，美学其实从来就是一个边缘学科，甚至，在很长时间里它都不是一个学科。米森就告诫我们："由于美学研究中缺乏一种坚实而连续的传统，结果造成了英国任何大学都没有设置致力于美学研究的教席。"[①]这个方面的情况，随着国门的不断打开，我们也已经越来越清楚地获知了。我2001年在纽约州立大学布法罗分校做访问学者，当然，我去不是学美学，而是学传播学，但是，我顺便问了一下，我的导师回答我：美学？没有。我们没有专门开这门课的教授，不过有对美学问题感兴趣的教授。澳门，我是2007年应聘过去的，后来在澳门科技大学也做过创院的主持工作的副院长。这所大学在海

---

① ［英］米森：《英国美学五十年》，秦东晓译，《哲学译丛》1991年第4期。

峡两岸暨香港、澳门的排名是第二十位，我们南京大学是排在第十四位，但是，它也没有美学教授。后来我也参与过筹备一所影视传媒领域的新大学，在我们的课程设置里，也没有美学。甚至，我尽管没有做过认真调查，但是我基本可以断定，把美学课带入澳门的，一定是我本人。因为在我去澳门之前，澳门的几所大学应该也没有开设过美学课程。

再看内地的情况，尽管在开设课程与研究队伍方面我们在全世界都一枝独秀，但是，却也只是短时间的热度。而今我们必须承认："美学热"早已远去。为此，我也经常感慨，"爱美之心人皆有之"，这是古今如此，谁也无法推翻的。你可以不爱"真"，但你不可能不爱"美"；你可以不爱"善"，但你不可能不爱"美"。但是，奇怪的是，"爱美学之心并非人皆有之"。甚至人们常说："学好数理化，走遍天下都不怕。"那么，有人说"学好美学课，走遍天下都不怕"吗？从来没有听说过！可是，为什么就偏偏是"爱美学之心并非人皆有之"呢？进而，美学这个学科本身有没有问题？我们总是埋怨市场经济时代人们对我们不了解，可是美学让别人了解了吗？或者，美学有让别人了解的理由吗？有人会自我安慰说，作家、艺术家会看我们的美学著作的。这其实也是一个谎言！在江苏这个地方，我跟作家、艺术家还算是比较熟的，一些著名艺术家办画展、书法展，有时也会让我给他们写序，更经常约我出席开幕式，去为他们站台。但是我知道，没有哪个作家、艺术家的创作是因为受益于我们美学而成功的。不但没有，他们还经常嘲笑说：不看美学著作，我倒还会创作；一看，却反而不会创作了。当然，这种说法比较偏激，但是，也确实不无道理。还有一种自我安慰的说法，我们的著作是给大学生看的，甚至我们的著作是有益于审美教育的。可是，作为一个美学教师，我深知，没有哪个大学生是读了我们的教材而提高了审美水平的。因此，我们中国明朝的一个学者李东阳说的一句话尽管刺耳但却深刻："诗话作而诗亡。"西方的米勒也说："文学理论促成了文学的死亡。"①在这个意义上，我们必须看到，美学的存在远不如文艺学和艺术学的存在来得真实而且可信。而且，再来看一看我们当前的美学研究，也不难发现，研究美学基本理论的人寥寥无几，研究中西美学历史的人倒是很多，还有就是越来越热的生态美学、环境美学、身体美学、文化美学、生活美学、文艺美学……当然，这一切都不是坏事，我也都是赞成的。但是，这些研究的结果不就是为了结晶化为美学基本理论的研究吗？这些研究不也就是美学基本理论的展开吗？可是，我们看到的却往往是从事这些研究的学

---

① ［美］米勒：《文学死了吗》，秦立彦译，广西师范大学出版社2007年版，第53页。

者每每直接就宣称：他们所研究的就是美学基本理论。当然，蕴含在这背后的，就是美学基本理论研究的消亡。

这样一来，回过头来再听一听西方一些著名专家的批评，我们也就不会觉得"打脸"了。比如，"尼采对形而上学的批判包括了美学，或者说是从美学出发的。"德曼指出："海德格尔也可以被认为是这样。"[①]海德格尔说，他很反感那些"今日还借'美学'名义到处流行的东西"。[②]比梅尔说："过去，人们往往把对艺术的考察还原为一种美学的观察，但这样的时代已经终结了。"[③]古茨塔夫·勒内·豪克说：美学，"由于它片面的出发点，今天显得陈旧了"[④]。帕斯·默尔说："本来就没有什么美学"，"美学的沉闷来自人们故意要在没有主题之处构造出一个主题来"。[⑤]还有维特根斯坦，我前面说到过他的《战时笔记（1914—1917）》，在其中，他也对美学毫不留情："像'美好的''优美的'，等

---

① 王逢振等编：《最新西方文论选》，漓江出版社1991年版，第215页。

② ［德］海德格尔：《尼采》（上卷），孙周兴译，商务印书馆2010年版，第91页。

③ ［德］比梅尔：《当代艺术的哲学分析》，孙周兴等译，商务印书馆2012年版，第1页。

④ ［德］古茨塔夫·勒内·豪克：《绝望与信心》，李永平译，中国社会科学出版社1992年版，第151页。

⑤ 转引自王治河《后现代哲学思潮研究》（增补本），北京大学出版社2006年版，第268页。

等……最初是作为感叹词来使用的。如果我不说 '这是优美的'，只说'啊！'，并露出微笑，或者只摸摸我的肚子，这又有什么两样呢？"① 因此，海德格尔的提醒也就十分重要："最近几十年，我们常常听到人们抱怨，说关于艺术和美的无数美学考察和研究无所作为，无助于我们对艺术的理解，尤其无助于一种创作和一种可靠的艺术教育。这种抱怨无疑是正确的。""这种美学可以说是自己栽了跟斗。"甚至，他还不惜与我们所谓的"美学"划清界限："本书的一系列阐释无意于成为文学史研究论文和美学论文。这些阐释乃出于思的必然性。"②

　　无疑，这就是美学自身的尴尬！然而，更为尴尬的是，这一切却又并非可以用取消美学研究来解决。

　　因为，还存在着另外的一面，问题也因此而变得十分复杂：确实，到处都在宣传美学的终结，但是，却又到处都在关注审美的崛起；所有的人都敢于宣布美学并不存在，但是，所有的人却连一分钟都不敢无视审美的存在。尤其是，几乎所有的大思想家、大哲学家都热切地关注着美学。那么，这又是

　　① 蒋孔阳主编：《二十世纪西方美学名著选》（下卷），复旦大学出版社1988年版，第82页。

　　② ［德］海德格尔：《荷尔德林诗的阐释》，孙周兴译，商务印书馆2014年版，第2页。

因为什么？例如，伊格尔顿就关注到了这一奇特现象。在名著《美学意识形态》里，他一再提醒我们：

"任何仔细研究自启蒙运动以来的欧洲哲学史的人，都必定会对欧洲哲学非常重视美学问题这一点（尽管会问个为什么）留下深刻印象。"

"德国这份比重很大的文化遗产的影响已经远远地超出了国界；在整个现代欧洲，美学问题具有异乎寻常的顽固性，由此也引人坚持不断思索：情况为什么会是这样？"

"不是由于男人和女人突然领悟到画或诗的终极价值，美学才能在当代的知识的承继中起着如此突出的作用。"①

而我想说，正是从这里，我意识到了美学之为美学的天命。我发现：美学的"危机"的存在并不是坏事。承认"美学热"的不可逆转的衰落，或者说，静静的衰落，也不是坏事，因为这其实不是什么"美学的危机"（所谓 "美学的危机"在美学史中经常出现，不足为奇），而是"美学危机"。它意味着美学自身的可能性已经非常可疑。也就是说，不是我们的美学研究的内容遇到了障碍，不是"美学的问题"研究不下去了，而是"美学问题"研究不下去了。是我们预设的美学

---

① ［英］伊格尔顿：《美学意识形态》，王杰等译，广西师范大学出版社1997年版，第1—3页。

本身出了问题，或者，美学本身并不如我们所想象的。所以，假如说美学有"终结"，那也应该不是"美学的终结"，而是"美学的新的开始"。美学"终结"蕴含的并不是美学的结束，而是美学自身的深刻反省。正如海德格尔在谈到哲学问题的时候所发出的惊天一问：哲学如何在现时代进入终结了？海德格尔的回答是：哲学终结之际为思想留下了何种任务？原来，一个东西，不可能说终结就终结，有时候，终结就是新生，所谓凤凰涅槃。由此，我也可以问：美学终结之际为思想留下了何种任务？当然，这个时候我们就已经进入了"后美学"的时代，面对的也已经是"后美学问题""非美学的思想"，所谓"一种非对象性的思与言如何可能？"。

这其实也就是说，当我们遭遇"美学终结"的时候，是说美学教研室从事的美学研究遭遇了挑战，但是我们并没有说：在哲学教研室工作的那些哲学大师、那些思想家所从事的美学研究也遭遇了挑战。恰恰是"美学的终结"这个耸人听闻的说法引导着我们去关注那个长期被遮蔽了的审美问题，也推动着我们走向了对于真正的美学追问的真诚期待，所谓"美学反对美学"。因此，美学已死，但是，美学也永生！美学是不需要终结的，需要终结的，只是人们长期以来所形成的关于美学的错误观念。阿多诺总结说："美学不应当像追捕野雁一样徒劳无益地探索艺术的本质。"①这里的"美学"指的是西方的那种传统的以"美学"的方式谈论审美活动的研究，它只是西方的本质化思维的产物。正如海德格尔发现的：过去的美学是说希腊语的。黑格尔也说：过去的美学家都是"理性思维的英雄们"。在他们那里，人与智慧是分离的。这是一种知识型的美学，而且，也是一种方向性的错误。充其量，它只是一种"定义式"的关于"何为审美"的讨论，因此，它理应终结。

由此，我们也就逐渐逼近了美学研究的真正的前沿。波普尔说："我们之中的大多数人不了解在知识前沿发生了什么。"②那么，究竟"在知识前沿发生了什么"？当然，这也就是我一再强调的"尼采以后"。正如巴雷特所指出的："哲学家必须回溯到根源上重新思考尼采的问题。这一根源恰好也是整个西方传统的根源。"在我看来，就西方美学而言，尼采才是真正的开端。在他之后，西方美学才开始独自上路。巴雷特又说："人必须活着而不需要任何宗教的或形而上学的安慰。假若人类的命运肯定要成为无神的，那么，他尼采一定会被选为预言家，成为有勇气的不可缺少的榜样。""既然诸神

---

① ［德］阿多诺：《美学理论》，王柯平译，四川人民出版社1998年版，第591页。

② ［英］波普尔：《〈客观知识〉——一个进化论的研究》，舒炜光等译，上海译文出版社1987年版，第102页。

已经死去，人就走向了成熟的第一步。"①这当然是正确的。因为，在人类的美学研究领域，唯有尼采，才堪称哲学先知、美学先知。

毅然揭开西方现代美学帷幕的，是尼采。

在我看来，西方美学，到尼采为止，一共出现过三种美学追问方式：神性的、理性的和生命（感性）的。也就是说，西方曾经借助了三个角度追问审美与艺术的奥秘，就是：以"神性"为视界、以"理性"为视界以及以"生命"为视界。从尼采开始，以"神性"为视界的美学终结了，以"理性"为视界的美学也终结了，以"生命"为视界的美学则开始了。从"生命"本身出发去追问审美与艺术，而不是从"理性"或者"神性"出发，正是尼采的抉择。具体来说，当下的美学前沿问题，就是在"神性"和"理性"之外来追问审美与艺术。过去，在美学研究中，"至善目的"与神学目的是理所当然的终点，道德神学与神学道德，以及理性主义的目的论与宗教神学的目的论则是其中的思想轨迹。美学家的工作，就是先以此为基础去解释生存的合理性，然后，再把审美与艺术作为这种解释的附庸，并且规范在神性世界、理性世界内，并赋予美学以

---

① ［美］威廉·巴雷特：《非理性的人——存在主义哲学研究》，杨照明等译，商务印书馆1995年版，第183页。

不无屈辱的合法地位。理所当然地，是神学本质或者伦理本质牢牢地规范着审美与艺术的本质。当然，这也就是叔本华这个诚实的欧洲大男孩出来一声断喝的原因："最优秀的思想家在这块礁石上垮掉了。"①至于康德，则恰恰置身于新的思想转折的出现的中间地带。他从理性之梦的觉醒开始，我们称作"知识的觉醒"。尽管他并没有完成这一转折，但是，我们必须承认，这一转折无疑是从他开始的。康德发现：在自然人和自由人之间，有审美人。这当然十分重要，堪称即将出现的未来美学的序曲。康德指出："人不仅仅是机器而已""按照人的尊严去看人""人是目的"。诸如此类，在西方美学史上完全就是石破天惊之论。然而，无论如何，康德毕竟还是把道德神学化了。过去是把神学道德化，现在康德离开了"神性"思维的道路，转而走理性思维的道路，但是却把道德神学化了。所以，他也并没有比过去把神学道德化的道路走得更远。尽管在康德那里没有了"必然"的目的，但是，"应然"的目的却仍旧存在。所以阿多诺说，要拯救康德，并且提示：还存在着"无利害关系中的利害关系"。显然，在康德美学中存在着矛盾。这就是：在自然人和自由人之间，在唯智论美学的独断论

---

① ［德］叔本华：《自然界中的意志》，任立等译，商务印书馆1997年版，第146页。

和感性论美学的怀疑论之间，在"美是形式的自律"与"美是道德的象征"之间，也在"愉悦感先于对对象的判断"和"判断先于愉悦感"之间，出现了巨大的裂痕。

但是，千万不要以为康德本人对此就一无所知。正如海德格尔批评的："康德本人只是首先准备性地和开拓性地做出'不带功利性'这个规定，在语言表述上也已经十分清晰地显明了这个规定的否定性；但人们却把这个规定说成康德唯一的，同时也是肯定性的关于美的陈述，并且直到今天仍然把它看做这样一种康德对美的解释而到处兜售。""人们没有看到当对对象的功利兴趣被取消后在审美行为中被保留下来的东西。""人们耽搁了对康德关于美和艺术之本质所提出的根本性观点的真正探讨。"①当然，这个"耽搁"，可以从席勒把康德的崇高误读为优美、把康德的精神信仰误读为世俗交往、把康德的超验误读为经验看到，也可以从黑格尔的进而把康德的本体属性的审美误读为认识神性的审美看到，还可以从李泽厚的实践美学中看到。然而，究其实质，从康德开始，美学对于审美活动的思考的真谛却始终都在于"人的自由存在"。因此，我们在关注康德的所谓"人为自然界立法"之时，应该

---

① ［德］海德格尔：《尼采》上卷，孙周兴译，商务印书馆2010年版，第129页。

关注的，就不是他如何去颠倒了主客关系，而是他的对于"人的自由存在"的绝对肯定。"人的自由存在"，是绝对不可让渡的自由存在，也是人的第一身份、天然身份，完全不可以与"主体性"等后来的功利身份等同而语，所以，康德才会赋予人一个"合目的性的决定"，"不受此生的条件和界限的限制，而趋于无限"[①]，才会认定审美"在自身里面带有最高的利害关系"[②]，才会要求通过审美活动这一自由存在"来建立自己人类的尊严"[③]。

当然，尼采的重要性也就在这里。在"康德以后"，尼采横空出世。人们喜欢把尼采的思想称为"不合时宜的思想"，其实，不妨把尼采的思想称为"不合时宜的思想"的归来。从古典到现代，在我看来，正是尼采，走完了最为重要的一步。尼采也因此而成为一个标志性的人物。西方经常说，当代有三大思想家：尼采、弗洛伊德、马克思。当然，我们也能够看到别的排列方法，各有各的说法，但是，没有人敢轻视尼采的存在，却是人所共知的。为什么不敢"轻视"？正是因

---

① ［德］康德：《实践理性批判》，韩水法译，商务印书馆1999年版，第177—178页。

② ［德］康德：《判断力批判》上卷，宗白华等译，商务印书馆1964年版，第45页。

③ ［德］康德：《论优美感和崇高感》，何兆武译，商务印书馆2001年版，第3页。

为尼采对于思想转折的敏锐洞察。在他看来，所谓宗教其实是"投毒者"，所谓道德则是"蜘蛛织网"。而且，就像迈克尔·坦纳发现的那样：有一个闪闪发光的概念，"它于尼采的第一部作品中首次亮相，并且直到最后一部作品依然存在，所有的一切都是基于这个标准最终得到评判。这就是：生命"①。当然，注意到这一点的不只是迈克尔·坦纳。像凯文·奥顿奈尔也注意到：尼采所力主的"超人的所作所为是为了解放和提升生命，而不是践踏大众"②。"生命"，在这里也被格外地予以关注。至于尼采的发现，则显然是：审美和艺术的理由再也不能在审美和艺术之外去寻找，这也就是说，在审美与艺术之外没有任何其他的理由。神性与理性，过去都曾经一度作为审美与艺术得以存在的理由。现在不同了，尼采毅然决然地回到了审美与艺术本身，从审美与艺术本身去解释审美与艺术的合理性，并且把审美与艺术本身作为生命本身，或者，把生命本身看作审美与艺术本身，结论是：真正的审美与艺术就是生命本身。人之为人，以审美与艺术作为生存方式。"生命即审美""审美即生命"。也因此，审美与艺术自身不

---

① ［英］迈克尔·坦纳：《尼采》，于洋译，译林出版社2011年版，第83页。

② ［英］凯文·奥顿奈尔：《黄昏后的契机——后现代主义》，王萍丽译，北京大学出版社2004年版，第102页。

存在任何的外在规范，正如尼采提示的："很长时间以来，无论是处世或是叛世，我们的艺术家都没有采取一种足够的独立态度，以证明他们的价值和这些价值令人激动的兴趣之变更。艺术家在任何时代都扮演某种道德、某种哲学或某种宗教的侍从；更何况他们还是其欣赏者和施舍者的随机应变的仆人，是新旧暴力的嗅觉灵敏的吹鼓手……艺术家从来就不是为他们自身而存在。"①无疑，尼采要改变的现状就是这个，审美和艺术不需要外在的理由——我说得犀利一点，也不需要实践的理由，而且亟待"采取一种足够的独立态度"。审美就是审美的理由，艺术就是艺术的理由，犹如生命就是生命的理由。对于一体的审美、艺术与生命而言，没有任何的外在理由，也不需要借助任何的有色眼镜，完全就可以以审美阐释审美，以艺术阐释艺术，以生命阐释生命。

在这个意义上，倘若说康德美学是西方人的知识的梦醒，尼采美学则是西方人的生命的梦醒。西方人第一次彻悟：情感先于理性、意志先于知识、自由先于必然。在理性思维之前，还有先于理性思维的思维，在传统美学所津津乐道的我思、反思、自我、逻辑、理性、认识、意识之前，也还有先于

----

① ［德］尼采：《论道德的谱系·善恶之彼岸》，谢地坤等译，漓江出版社2000年版，第78页。

我思、先于反思、先于自我、先于逻辑、先于理性、先于认识、先于意识的东西。只有它，才是最为根本、最为原初的，也才是人类真正的生存方式。因此，美学也就必须把理性思维放到"括号"里，悬置起来，而去集中全力研究先于理性思维的东西，或者说，必须从"纯粹理性批判"转向"纯粹非理性批判"，必须把目光从"认识论意义上的知如何可能"转向"本体论意义上的思如何可能"。而这当然也就是——"生命"的出场。

于是，西方美学毅然走出了康德的"无功利关系说"，康德的"伦理应然"的设定也毅然让位于"审美生存"的设定。美学家们终于发现：天地人生，审美为大。审美与艺术，就是生命的必然与必需，人类的生命也无非就是一次审美与艺术的实验，是"重力的精灵"与"神圣的舞蹈"。在审美与艺术中，人类享受了生命，也生成了生命。这样一来，审美活动与生命自身的自组织、自协同的深层关系就被第一次地发现了。因此，传统的从神性的、理性的角度去解释审美与艺术的角度，也就被置换为生命的角度。于是，在尼采那里，康德的"伦理应然"让位于尼采的"审美生存"，审美与艺术因此溢出了传统的藩篱，成为人类的生存本身。并且，审美、艺术与生命成为一个可以互换的概念。换言之，在尼采那里，创造—艺术—生命的三位一体，已经完全改写了美学与哲学的等级秩序。生命因此而重建，美学也因此而重建。在这里，对于审美与艺术之谜的解答同时就是对于人的生命之谜的解答的觉察，回到生命也就是回到审美与艺术。从历史上来看，"诗人不醉心于预言，不负起智者的使命，这样的时刻在人类历史上从未有过"。因为，"诗人也像哲学家那样，试图对整个生活作真实的解释"①。换言之，"艺术就可以被看做是生命的呈现，是一种自由的并且是独立的生命，它已经存在着，并且呈现着，就在此时，就在此地"②。于是，因为神性与理性都是对于世界的外在把握，只有审美与艺术才是生命的内在体验。它与人的生命直接相关，相依为命。因此，要解答审美之谜，就必须回到生命，审美与艺术也就因此而成为本体。这样的认识，正是逐渐形成的共识，到了尼采，则堪称水到渠成。正如酒神在黑格尔、雅可比、布克哈特、荷尔德林、施莱格尔、瓦格纳那里都曾经被关注，但是到了尼采，它才被形而上学化了，也才成为生命的象征。并且，在西方，人们曾经寻求过对于世界的宗教解释、科学解释等，但却始终没有寻求过审美解释。自古以来，审美与艺术似乎就只能是取悦生命的形式，却

---

① ［美］凯·埃·吉尔伯特，［德］赫·库恩：《美学史》（上卷），夏乾丰译，上海译文出版社1989年版，第10页。

② ［意］马里奥·佩尔尼奥拉：《当代美学》，裴亚莉译，复旦大学出版社2017年版，第40页。

没能成为解说世界的一种方式。现在，对于审美与艺术之谜的解答同时成为对于人类自身的生命之谜的解答。于是，哲学成为美学的派生物。这就是在西方最为引人瞩目的"审美转向"："第一哲学在很大程度上变成了审美的哲学"①。

我们看到，尼采本人对于这一巨变完全就是胸有成竹。至于我们，则当然要紧紧抓住尼采所开辟的思想道路，要真正意识到：生命，是美学研究的"阿基米德点"，是美学研究的"哥德巴赫猜想"，也是美学研究的"金手指"与"热核反应堆"。从生命出发，就有美学；不从生命出发，就没有美学。海德格尔的《尼采》写得十分出色，也一直都是我的必读书。而且，关于尼采，正是海德格尔给了我以最为震撼的警示："尼采知道什么是哲学。而这种知道是稀罕的。唯有伟大的思想家才拥有这种知道。"②确实如此。尼采的最大贡献是：呼唤我们走出康德的"无功利关系说"。对于我们，这恰似美学天空的一声惊天霹雳，把我们所有研究美学的人都唤醒了。原来，在审美活动身上，存在着"无利害关系中的利害关系"。它意味着生命之为生命，其实也就是自鼓励、自反馈、自组织、自协同而已，不存在神性的遥控，也不存在理性的制约。

---

① ［德］沃尔夫冈·韦尔施：《重构美学》，陆扬等译，上海译文出版社2006年版，第58页。

② ［德］海德格尔：《尼采》，孙周兴译，商务印书馆2010年版，第5页。

美学之为美学，则无非是从生命的自鼓励、自反馈、自组织、自协同入手，为审美与艺术提供答案，也为生命本身提供答案。如是，我们也就得以觉察，何以过去竟然会"美学生则审美死"，同样也不难觉察，何谓尼采所开辟的"尼采以后"。当然，这也就正是福柯称康德为"现代认识型"的代表、称尼采为"当代认识型"的代表的根本原因。换言之，康德代表了西方现代美学的童年，而尼采则代表了西方现代美学的成年。

也许，这就是西美尔为什么要以"生命"作为核心观念，去概括19世纪末以来的思想演进的深意："在古希腊古典主义者看来，核心观念就是存在的观念，中世纪基督教取而代之，直接把上帝的概念作为全部现实的源泉和目的，文艺复兴以来，这种地位逐渐为自然的概念所占据，十七世纪围绕着自然建立起了自己的观念，这在当时实际上是唯一有效的观念。直到这个时代的末期，自我、灵魂的个性才作为一个新的核心观念而出现。不管十九世纪的理性主义运动多么丰富多彩，也还是没有发展出一种综合的核心概念。只是到了这个世纪的末叶，一个新的概念才出现：生命的概念被提高到了中心地位，其中关于实在的观念已经同形而上学、心理学、伦理学和美学价值联系起来了。"[①]确实，而今已经不复是宗教救赎的

---

① ［德］西美尔：《现代文化的冲突》，自刘小枫编：《现代性中的审美精神——经典美学文选》，学林出版社1997年版，第418—419页。

福音，而是审美救赎的福音。所以，正如尼采强调的，要"用艺术控制知识"，要把艺术当成可以取代理性主义哲学的新文化。①而且，艺术也确实要比知识更有力量。因此，理查·罗蒂才说："尼采对康德和黑格尔的反动则是那样一些人所特有的，他们想用文艺（而且尤其是文学）来取代科学作为文化的中心，正如科学早先取代宗教作为文化中心一样。从那些追随尼采把文学当作文化中心的知识分子观点来看，那代表着人类超越自身和重新创造自身的人是诗人，而不是教士、科学家、哲学家或政治家。"②

于是，我们就合乎逻辑地从"康德以后"来到了"尼采以后"。在我看来，事实上，尼采美学就是西方现代美学的"百门之堡"，也是西方现代美学的"凯旋门"。在他以后，西方美学最少开拓出了五个发展方向，例如，柏格森、狄尔泰、怀特海等是把美学从生命拓展得更加"顶天"，弗洛伊德、荣格等是把美学从生命拓展得更加"立地"，海德格尔、萨特、舍勒等是把美学从生命拓展得更加"主观"，马尔库塞、阿多诺等是把美学从生命拓展得更加"社会"，后现代主

---

① ［德］尼采：《哲学与真理　尼采1872—1876年笔记选》，田立年译，上海社会科学院出版社1993年版，第31页。

② ［美］理查·罗蒂：《哲学和自然之镜》，李幼蒸译，生活·读书·新知三联书店1987年版，第13页。

义的美学则是把美学从生命拓展得更加"身体"。当然，其中也有共同的东西，即生命的概念被提升到了中心地位。而且，也都是从生命出发，以生命为世界，以直觉为中介，以艺术为本体，等等。^①在他们之后，诸如贝尔的艺术论、新批评的文本理论、完形心理学美学、卡西尔和苏珊朗格的符号美学，有意味的形式、新批评、格式塔、符号学美学等的出现，也都无法离开生命美学的发现。因为正是对于生命的重新发现才导致了对于审美活动的重新发现，尤其是对于审美活动的独立性的重新发现。不可想象，倘若没有这一重大发现，艺术的、形式的发现会从何而来？

由此，"尼采以后"的重要性也就得以凸显而出。

至于中国美学，过去我已经说过很多次了。它可以分成三段：古典美学，可以总结为"与生与仁"。不论儒家美学、道家美学、禅宗美学还是明清美学，都是以生命和仁爱作为核心的，没有例外。中国美学就是生命美学，这应该已经成为共识了。再看近代美学，我已经说过，王国维、方东美、宗白华，其实严格说也包括朱光潜，他们全都是生命美学的传人。还有当代美学，从1985年开始，我提出了生命美学。平心而论，生命美学也已经得到了诸多美学同行的认可，已经成为一

① 参见潘知常：《生命美学在西方》，《东南学术》2021年第5期。

个崛起的美学新学派，这应该也没有什么异议。在当代的美学界，很多人走的是生命美学的路，我们互相鼓励、相互支持。尽管其中存在区别，但是也有共同处，共同的地方就是我们都从生命出发，而不是从理性出发。路径不同，角度不同，取向也不同，但是，以生命为世界，以直觉为中介，以艺术为本体，则应该是大体相同的。

二、如何才能成为一个有价值的美学家

而"尼采以后"对于我本人的深刻影响，当然也可以由此看出。

首先，"尼采以后"让我懂得了，重要的不是放弃思想，不是一看到美学遇到了困难就四散逃亡，这不是一种有出息的做法。没有出路，也许才是寻找出路的最大机遇。为什么要逃亡？为什么不去学会思想？为什么不去学比过去更为深刻的思想？值此之际，我们所要做的，其实应该是不要再提供假问题、假句法、假词汇。坦率说，美学界充满了无数的假问题、假句法、假词汇，我们亟待跟它们说"拜拜"。而且，亟待走上正确的思想道路。例如，王国维同时接触了康德、叔本华和尼采，最终他选择了叔本华，但是，还有没有更好的选择？倘若他更多地选择了尼采，一切又将会怎样？朱光潜在《西方美学史》里没有提过叔本华和尼采。而且平心而论，朱

光潜先生的《西方美学史》的最后的总结也是值得商榷的：形象思维、现实主义等，他总结了西方美学史的几大规律。今天我们作为后学，也确实无须为尊者讳，这显然并非西方美学史的精彩之处。当然，我们也不会苛求于他。在那个时代，朱先生也只能这样了。但是有一点却是必须指出的，即朱先生自己到了晚年在香港也曾经反省过的，他说他要承认自己其实是尼采的信徒，但过去太胆怯了不敢承认，只能对外说自己是克罗齐的信徒。我必须说，这是一个十分值得关注的问题。倘若从一开始朱先生就坚定不移地走"尼采以后"的道路，那么，朱先生的成就会不会更大？这是我前面已经诘问过的问题，因为它太重要了，因此，我在这里不妨再追问一次。

　　无疑，在这追问中，我们应该已经听到了话外之音。这就是：我们应当坚定地做尼采的信徒（当然不应该只是尼采，而且，也不应该盲从）。王国维先生、朱光潜先生走过的弯路，我们不必再走。也因此，我十分庆幸自己从一开始就选择了的美学道路——"尼采以后"的美学道路。而且，1985年，我提出美学研究的新的可能性——生命美学，其实也正是要"接着尼采讲"。那个时候，我在文章里已经提到："康德以后"还是一个未完成时，还必须走到"尼采以后"。因为康德还有一个关键性的工作还没有去做。这就是：回到生命本身去解释审美与艺术的奥秘。这也就是说，犹如生命奥秘的回答，审美与艺术的奥秘的回答也不需要神性与理性。"从来就没有什么救世主，也不靠神仙皇帝！要创造人类的幸福，全靠我们自己！"由此，我当时就借助歌德的话，指出了在"尼采以后"生命美学的历史使命——

或许由于偏重感性、现实、人生的"过于入世的性格"，歌德对德国古典美学有着一种深刻的不满，他在临终前曾表示过自己的遗憾："在我们德国哲学里，要做的大事还有两件。康德已经写了《纯粹理性批判》，这是一项极大的成就，但是还没有把一个圆圈画成，还有缺陷。现在还待写的是一部更有重要意义的感觉和人类知解力的批判。如果这项工作做得好，德国哲学就差不多了。"

我们应该深刻地回味这位老人的洞察。他是熟识并推誉康德《判断力批判》一书的，但却并未给以较高的历史评价。这是为什么？或许他不满意此书中过分浓烈的理性色彩？或许他瞩目于建立在现代文明基础上的马克思美学的诞生？没有人能够回答。

但无论如何，歌德已经有意无意地揭示了美学的历史道路。确实，这条道路经过马克思的彻底的美学改造，在二十一世纪，将成为人类文明的希望！①

无可讳言，这正是中国生命美学的起步。写下这些话的时候，是在1984年的岁末，1984年12月12日的一个寒冷的冬夜。1984年，在奥威尔的预言中，这应该是一个不祥的年份，但是，恰恰也就在那一年，我却固执地开始了自己的致敬未来的美学行程。这也就是我后来一再提及的：生命美学——致敬未来！尼采从哪里开始？尼采又在哪里结束？我们今天亟待去做什么？我们今天又应当如何去做？②诸如此类，也就成为1985年以后我的所思所想。因此，当有人对生命美学冷嘲热讽的时候，当有人认为生命美学无非是"瞎折腾"乃至"自我炒作"的时候，我却始终坚定地认为，在当代中国美学的各个美学学派中，生命美学的"来历"与"家谱"恰恰是最为清晰的。犹如成熟的书法，生命美学堪称"笔笔有来历"。也因

---

① 潘知常：《美学何处去》，《美与当代人》（后易名为《美与时代》）1985年第1期。

② 值得注意的是，在将康德、叔本华、尼采、怀特海、杜威、海德格尔甚至萨特引入中国之后，将加缪引入中国，密切关注儒家与加缪思想的相互阐发，并且因此而关注到中国的儒家所提出的无神论人道主义的"文明方案"，关注到中国的儒家为世界文明所可能作出的贡献，是一个迫切需要去及时完成的重要工作。相对而言，"轴心时代"的结束，可以说是出自无神论存在主义之手，但是，"新轴心时代"的高光时刻却毕竟应属无神论的人道主义。在中国，这意味着从"仁学"革命向"人学"革命的演进，也意味着中国文化在孔子伦理学转向之后的美学转向。美学，因此而成为第一哲学。

此，当后来李泽厚先生公开批评生命美学的时候，我才能够像二十七岁的他当年创建实践美学的时候一样坚定与无畏。李先生那样的大名家，愿意给我六次公开批评，我非常感谢！这是很多人终生也得不到的荣誉，我从来没有把它视为我的耻辱，而是把它视为我的无上光荣。但是，李先生的批评，我坦率说，也实在是无法做到"笔笔有来历"。因为他的问题是在康德的基础上向黑格尔的倒退。他也意识到了"康德以后"，但是，结果却是退向了黑格尔，而不是走向尼采。当然，我提出生命美学，也包括我从二十八岁起就挑战李先生，其中都绝不包含对李先生的任何不尊重。事实上，学术上的对头往往才是彼此之间最为尊重的。直到今天，在与"新实践美学""实践存在论美学"以及生活美学、身体美学等诸多学派之间讨论问题的时候，我也都往往是出于尊重。观点不同，学说各异，但是，我们都是走在追求真理的道路上、创新的道路上的，因此，反而是彼此心灵相通。

但顺便要说一下学派问题。关于生命美学，我经常说两句话，第一句，重要的不是美学的问题，而是美学问题。第二句，重要的不是内容，而是形式。当然，这也是生命美学与实践美学的根本区别。例如，实践美学重视的是"内容"，而生命美学重视的却是"形式"（例如，艺术是有生命意味的形式，审美活动作为思维形式，审美活动作为直觉形式，审美活动作为生命形式，等等）；再如，实践美学往往是从美学的问题开始研究，而生命美学却认为：重要的是先把"何为美学"考虑好，而不要一上来就下手去研究。重要的是做正确的事，不要先就正确地做事。可是，这样也就涉及了与一些学者的不同。在他们看来，一上来就构筑一个体系是行不通的，重要的应该是去研究具体问题，也就是"美学的问题"。例如，李泽厚在自己率先建立了实践美学之后，就经常劝诫诸多在他之后的后学们说：不要去建立什么美学的体系，而要先去研究美学的具体问题。当然，我并不赞同这种看法。为什么呢？因为当你对美学本身没有一个总体构想之前，你是不可能进行具体研究的。一定要先解决"美学问题"，然后才能够去解决"美学的问题"。相比李泽厚，相比国内的某些学者，我宁愿更相信的是康德的劝诫：没有体系可以获得历史知识、数学知识，但是却永远不能获得哲学知识，因为在思想的领域，"整体的轮廓应当先于局部"。除了康德，我宁愿更相信的还有黑格尔的劝诫："没有体系的哲学理论，只能表示个人主观的特殊心情，它的内容必定是带偶然性的。"[1]我们必须承认，对于每一个美学初学者而言，康德、黑格尔的话才真正特别重要。我们在研究"美学的问题"之前，不能不首先思考我们对于"美

---

① ［德］黑格尔：《小逻辑》，贺麟译，商务印书馆1980年版，第56页。

学问题"的思考是否正确，更不能不思考我们自己是否也需要首先对"美学问题"本身去加以思考，否则我们关于"美学的问题"的研究就很可能无功而返。人们常说，要做正确的事，而不要正确地做事。无疑，对于"美学问题"的关注，就是"做正确的事"；而对于"美学的问题"的关注，则是"正确地做事"。至于学派，那并不是想建立就能建立的。实践美学的名字就是后来被追认的，生命美学也从来没有依赖过自己的弟子，而是依赖学界的公认。因此，不必事后去过分猜测"开风气之先"的美学学者的"学派"动机。我二十八岁的时候想过建立学派吗？我刚一提出生命美学就被挤得东歪西倒的，甚至被有些人利用，被有些人整肃，被认为提出生命美学就是"狂妄""自我炒作"，等等。现在有人喜欢采取"诛心"的研究方法，倒过来猜测我1985年的时候就想建立学派。二十八岁的年轻人就想建立学派？其实只是想说话而已，只是有话要说。当然，我也是始终坚持了有话好好说的原则的。"先活下来，再活下去"，这就是我当时的所思所想。能"活下来"就不错了，最后，我还不是不得不离开美学界十八年吗？

其次，"尼采以后"还让我们意识到：尼采以后，怎样才能做一个有价值的美学家。这是我要讨论的第二个问题。当然，这个问题并不是我提的，而是胡塞尔提的，胡塞尔问：如何才能成为一个有价值的哲学家？我把它改为如何才能成为一个有价值的美学家。至于由此得出的结论，则无非是：认识到美学不是一个学科，而是一个问题；进而，认识到美学成为一个问题的前提是上帝和理性主义退出了历史舞台。这个时候，就开始走向一个有价值的美学家了。

而这就要重新反省我们所置身的时代。

二三十年前，国内曾经有过一场意义深远的争论，甲乙双方是林毅夫与杨小凯。林毅夫先生认为：我们中国尽管落在了西方的后头，但是也因此我们就正好有了可以少走弯路的"后发优势"，从而在不远的将来超过西方。而杨小凯认为，如果不知道西方现代化是怎么起步的，如果不去学习西方现代化的精髓，"后发"一方反而更有"劣势"，这就是所谓的"后发劣势"。我们研究美学也必须关注这场争论，也不能只谈美学。只依靠一点琐碎的美学知识，只去削尖脑袋钻营"空白"，是成不了真正美学家的，更成不了大美学家。因为就他们的争论而言，其实涉及的，恰恰就是一个我们所置身的时代的根本问题。这就是：信仰。换言之，就是："到信仰之路"。当然，这个术语是我杜撰的，不太合语法，但是很合情合理。好在，殷海光先生译过《到奴役之路》，冯友兰先生也写过《中国到自由之路》。我所说的"到信仰之路"也正是从这里来的。而且，我认为这五个字道破了我们的现代化所直面的最大问题。落后国家的"后发优势"与"后发劣势"，都来源于是否对"到信仰之路"有着明确的省察。极而言之，一个国家、一个民族距离信仰有多远，距离现代社会就有多远；一个国家、一个民族距离信仰有多近，距离现代社会就有多近。当然，同样地，一种美学距离信仰有多远，距离真正的美学就有多远；一种美学距离信仰有多近，距离真正的美学就有多近。

在这个意义上，2015年的时候，我写过一篇文章，题目是《让一部分人在中国先信仰起来》，分上中下三篇在《上海文化》刊登。2016年，由《上海文化》《学术月刊》等组织，在北京和上海还分别有过两次专家的讨论会。具体来说，我的想法是：我们一定要注意到自身的一个根本缺憾，1949年的时候，我们曾经很高兴地说：中华民族已经站立起来了！完全正确，这是一个巨大的成绩，令人振奋。但是，中国"人"是不是也已经站立起来了？这个问题我们却关注不够。还有"科学"与"民主"，引进它们，也是中华民族百年来的一个巨大成就。但是，值得反省的是，西方的现代化进程确实是借助"科学"和"民主"这样一个精神杠杆撬动了地球。可是，过去因为这个精神杠杆太长了，以至于国人只看到了杠杆撬起地球的那一端，但是却忽视了，在遥不可及的杠杆手柄的那一端，还赫然刻着两个金光闪闪的大字：信仰。因此，而今回忆往事，我们必须说，我们的"五四"做对了两件事——引进

"科学"和"民主"，但是，也做迟了一件事——未能及时引进"信仰"。

"信仰"问题真的有这么重要吗？埃及卢克索神庙法老像上的一个铭文刻着："我看到昨天，我知道明天。"现在，我们也要回过头去看看我们人类的"昨天"，因为只有如此，我们才能够"知道明天"。而这就涉及了"大历史观""大文明观"和"大美学观"。在我看来，研究美学，就必须具备这三观，没有这三观，就无法洞悉我们所置身的时代，当然，也就无法洞悉我们所面对的美学的历史走向。

就以美国学者斯塔夫里阿诺斯的一本很著名的书——《全球通史》为例。它是经典中的经典，因为它一出现就几乎完全重新改写了人类历史。对它，人们就往往会赞誉为：站在月球上看世界历史。而它最重要的特征，就是"大历史观"。这类似于法国历史学家布罗代尔把历史区分为短时段、中时段、长时段中的 "长时段"。它是我们观察历史的一个很重要的视角。因为正是从"长时段"，我们才能看到什么样的历史走向才得以最终赢得未来。就类似中国的江河湖泊很多，但是为什么只有长江黄河流成了大江大河？ 正是因为它们还在从巴颜喀拉山流下来的时候，"心中"就潜藏着"方向"，江河湖泊只有"流向"，随低不随高，反正水往低处流而已。但是长江、黄河不同，不但有"流向"，而且有"方向"，不惧千难万险，总之我要东流入海。而这个"方向"，却只有借助"长时段"才能觉察。

同样，人类历史也不但有"流向"而且更有"方向"。历史学家告诉我们，从旧石器时代直到现在的二百五十万年里，从旧石器时代到1500年，如此漫长的时间中，人类花费了99.4%的时间，人均GDP达到的仅仅是90国际元。而从1500年到1750年，人类花费了0.59%的时间，人均GDP却就达到了180国际元。再从1750年到2000年，在0.01%的时间内，人类更是达到了人均GDP6600国际元的显赫成绩。这意味着：人类的96%的财富，是在过去二百五十年里创造的。那么，在这过去的二百五十年里，究竟发生了什么？何以竟然会一日千里，而且何以竟然会一日千年？其中的动力何在呢？

更值得注意的是，在1500年以后，世界的诸多进步都已经不再与中国相关。对此，《中国：发明与发现的国度》做过统计：1500年以前，全世界45件重大发明中，中国有32件；可是，1500年以后，全世界472件发明中，中国却只有19件，占了其中的4%。[1]再考虑到中国的众多人口，这个4%无疑还将被大大稀释。由此，西方一位历史学家克拉克甚至断言：人类

——————————

① ［美］罗伯特·K.G.坦普尔：《中国：发明与发现的国度——中国科学技术史精华》，陈养正等译，21世纪出版社1995年版。

只发生过一件大事——工业革命。因此人类的世界也完全可以被分为工业革命前的世界和工业革命后的世界。而我们也要因此而问：我们又是如何掉队的？

关键的关键，就是最近的这几百年。或者，关键的关键，是工业革命前与工业革命后。而我们如果以工业革命作为一个周期，则立即就会发现，有些国家的"前世今生"其实在三百年前、五百年前的"前世"中就已经命中注定了终将衰败。但是，也有些国家与民族的命运其实也是在三百年前、五百年前的"前世"中就已经命中注定了终将崛起。

几百年来的全部世界，动荡和变局非常非常频繁。我们的大清帝国的GDP一度领先于全世界，可是，后来却一蹶不振；俄罗斯帝国曾经不可一世，最终难逃覆灭命运；横空出世的苏联，曾经辉煌一时，现在却灰飞烟灭；不可一世的奥斯曼帝国，曾经雄霸欧亚非，可是，现在却踪迹全无；英国更加神奇，曾经在几个世纪中跃居世界之巅，成为日不落帝国，但现在已经气息奄奄；至于美国，后排末座的身份，也并未影响到它在百年中就后来居上，至今仍旧是全世界的带头大哥；德国与日本也令人困惑，曾经崛起，但是后来却悍然发动战争，挑衅全世界的人性底线（在战败之后，竟然仍旧能够转而变身成为经济大国，更是一大奇观）；当然，最令人痛心的当属亚非的那些前殖民地国家，它们左拼右突，但是，到现在却还大多没有走出贫困的泥沼。

那么，在一幕幕兴衰沉浮的背后，是否存在着什么规律？冥冥之中，是否存在着一只有条不紊地把神秘"天意"分配给各个国家与民族的"看不见的手"？很长的时间里，我们曾经把这兴衰沉浮都泛泛归因于一个国家与民族的"民主政治"或者"市场经济"。然而，现在回头来看，显然并非如此。一个国家与民族的崛起与衰落无疑与"民主政治"或者"市场经济"有关，但是，仅仅"民主政治"或者"市场经济"却又远远不够。无疑，在一个国家的"民主政治"或者"市场经济"起来的背后，一定还存在着一个首先要先"什么"起来的东西，而且，也正是这个先"什么"起来的东西，才导致一个国家的终将崛起或者终将衰落。

具体来说，在历史学界，一般都将公元1500年作为一个极为值得关注的世界节点。西方最著名的历史教科书——《全球通史》分为上篇和下篇，上篇是"公元1500年以前"，下篇则是"公元1500年以后"。还有一本书，是美国人写的《大国的兴衰》，也是如是划分："公元1500年前"和"公元1500年以后"。看来，公元1500年，从今天来看，应该是一个最佳长时段的观察点，一个洞察我们所面对的全部世界的"前世今生"的时间节点。

既然如此，我们不妨就以公元1500年为一个参照的"长时段”的观察点，来回顾一下我们所置身于其中的这个世界所走过的历程。

首先，公元1500年以后，到1900年为止，几百年的时间，世界上公认，一共出现了十五个发达国家。然而，值得注意的是，这十五个发达国家的民众完全都是欧洲人。当然，这十五个发达国家里有两个国家，它们的地理位置并不在欧洲，即新西兰和澳大利亚，但是，它们的民众却同样都是欧洲人。因此，必须承认，在最近的五百年里，现代化的奇迹都主要是欧洲国家创造的——也都暂时基本与亚非国家无关。

其次，公元1500年以后，西方国家全面赶超了中国。我们看到，1830年，欧洲的GDP全面赶超中国。1865年，英国一国的GDP也赶超了中国。到了1900年，美国不仅仅赶超了中国，而且赶超了英国。

不过，值得注意的是，倘若因此而将现代化与欧洲等同起来，将现代化意义上的“西方”与欧洲等同起来，那无疑也将会铸下大错，并且会混淆我们即将讨论的问题的实质。事实上，在公元1500年以后，西方世界的崛起并不能仅仅大而化之地界定为全部欧洲的崛起。回顾一下西方的现代化历程不难发现，从公元1500年以后，整个欧洲不仅仅是开始了大步奔跑，而且，更为重要的是，自身也还在大步奔跑中不断加以筛选、淘汰。我们看到，欧洲在奔跑中首先很快就甩掉了东正教的国家，然后又甩掉了天主教的国家。葡萄牙、西班牙、意大利，都相继后续乏力，不得不从"发达国家"的行列中被淘汰出局。因此，一个不容忽视的现象是，最终真正跑进现代化的第一阵容的，恰恰全都是"先基督教起来"的国家，都是基督教（新教，下同）国家。以我们所熟知的第一批现代化八国为例，除了法国、比利时两国属于天主教与新教混淆外，其余六国，就全都是基督教国家。

再如英国，在它刚刚崛起的时候，只有一千万人口。可是，它所带来的正能量，却实在不容小觑。本来，葡萄牙、西班牙都跑在英国前面，英国要晚一百多年。然而，伴随着英国的宗教改革（安立甘宗、圣公会；美国社会学家帕森斯就认为：英国"在宗教上，是清教徒主义"），伴随着新教在英国的日益崛起，它却很快就大步追赶了上去（历史学家说：是加尔文宗教信徒创造了英格兰）。公元1500年的时候，三个国家的人均GDP还相差不多，可是到了1870年的时候，英国的人均GDP却已经是西班牙的2.3倍，是葡萄牙的3.2倍。到了今天，葡萄牙和西班牙更已经不值一提。那么，原因何在呢？答案根本无可置疑，也无可挑剔：英国是"好风凭借力"，借助宗教改革和新教的拓展，是"先基督教起来"的国家。而葡萄牙、西班牙却是天主教国家，也是没有"先基督教起来"的国家。因此，前者才从殿后变为领先，直至彼此不可同日而语；后者也才从领先变为殿后，直至掉队落后。

再如北美。同在美洲，但是北美与南美却截然不同。它们都有欧洲背景，现在北美已经是世界上最富裕的地区，可南美却仍旧停滞于落后的境遇，仍旧还是发展中地区。原因何在？为什么南美和北美竟然会差那么大？为什么南美和北美都是殖民地，但竟然结果完全不同？南美为什么始终就萎靡不振？而北美为什么就一直高歌猛进？原来，长期治理南美的葡萄牙和西班牙都是天主教国家，而长期统治北美的英国却是基督教国家。是否"先基督教起来"，在发展中是否曾经被基督教的手触摸过，于是就成为它们之间的根本差异之所在。[1]

由此我们看到，在西方现代社会崛起的背后应该确乎存在着规律，在冥冥之中也还确乎存在一只有条不紊地把天意分配给各个国家与民族的"看不见的手"，即基督教，或者叫作：宗教改革。[2]它较之文艺复兴、经济扩张、资本主义的出现、国家建设、海外企业的兴起等都要更为关键。我常说，学

---

[1] 例如，1512年的时候，西班牙人的一个武装小分队登陆了南美的厄瓜多尔。158年以后，1670年，一个英国人才赤手空拳登陆了北美的南卡罗来纳。可是，我们今天谁都已经知道，被天主教的西班牙和基督教的英国染指之后，南美和北美的差距何等之大。

[2] 杜兰的《世界文明史》就把基督教与新文明之间的关系比喻为母子关系。见［美］杜兰：《世界文明史》，幼狮文化公司译，东方出版社1998年版，第62页。

术研究要学会做减法，要学会找到它的优先级。只有这样，才能找到要研究的问题，显然，基督教或者宗教改革，在这里就是优先级。例如，《全球通史》举过一个例子：公元1500年的时候，亚欧大陆是这样区分的，地球的最西边是欧洲，最东边是朱元璋的大明，中间是穆斯林帝国。在这当中要数穆斯林帝国气势最大。欧洲东部的君士坦丁堡（伊斯坦布尔）被攻陷，巴尔干半岛改信了伊斯兰教一百多年，欧洲已经退缩到了中欧。欧洲腹地匈牙利、奥地利却成为反击穆斯林帝国的前线，欧洲已经被穆斯林帝国打得像一张纸一样贴在欧洲的墙角上了。于是，《全球通史》问：就在1500年，如果有一位火星观察者，他会认为最终谁会胜出？无疑，一定会认为穆斯林帝国胜出，起码，也应该是中国胜出。但是，结果却是欧洲胜出。其中的一个重要原因，就是恰巧就在1500年前后，基督教登上了欧洲的历史舞台。

杰克·戈德斯通也曾经告诉我们一个十分惊人的现象：当年你如果从英吉利海峡向大陆望去，你会发现从法国到土耳其再到中国，都是一片专制王权的海洋。但是，英国却截然不同。2012年，奥运会在英国开启，开幕式的导演一开始曾经无所适从，因为看到了2008年的北京奥运会上张艺谋展示的四大发明，很震撼。可是后来突然想到：英国可以炫耀的恰恰是在中国的四大发明之后，也就是1500年以后。于是，他也就顺理成章地为自己国家的开幕式找到了主题词，这也就是莎士比亚戏剧中的那句台词："这岛上众声喧哗。"什么样的"众声"呢？西方有一个短语，叫"西班牙式价值观"，指的是天主教为主的西班牙等国所推崇的以掠夺与拼抢为核心的价值观；还有一个短语，叫"英国式价值观"，指的是基督教为主的英国等国所推崇的以创造与共享为核心的价值观。因此，"这岛上众声喧哗"，当然就是"英国式价值观"的"众声喧哗"。

由此我们看到，"先基督教起来"，是其中的一个优先级。不过，我又要立即强调的是，"先基督教起来"只是表象，"先信仰起来"才是实质。因为基督教催生的东西实际有两个，一个是在教会形态下的由神职人员构成的宗教，还有一个则是没有教会也没有神职人员的宗教精神，后者，就与"信仰"密切相关。在这个意义上，我们必须强调，基督教的重要在于它是"信仰"的温床，人类在其中酝酿而出的，恰恰就是"信仰"。而且，只有"信仰"，才是现代化的内在动力。这就正如丹尼尔·贝尔指出的："现代性的真正问题是信仰问题。"①也正如巴雷特指出的："世界历史的唯一真正的主题是信仰与不信仰的冲突。""一旦忘记了这种信仰的存在，那

---

① ［美］丹尼尔·贝尔：《资本主义文化矛盾》，赵一凡等译，生活·读书·新知三联书店1989年版，第28页。

么同样也就忘记了人的存在。"①

当然，因此我们也就必须牢记：信仰高于宗教。宗教（包括基督教）只是信仰的载体，而且还很可能是"信仰"的扭曲与颠倒。因此马克思才疾呼：要"力求把信仰从宗教的妖术中解放出来"②。而且，宗教并不永恒，但是，信仰永恒。所以，2002年的时候，我在南大为学生做过一次讲座，后来有些学生说：我一直很怀念潘老师那次讲座，尤其是那几句话。因为当时我说过：我们可以拒绝宗教，但是不能拒绝宗教精神；我们可以拒绝信教，但是不能拒绝信仰；我们可以拒绝神，但是不能拒绝神性。

那么，宗教（包括基督教）与信仰的最最根本的区别何在？在我看来，就在于：从来就没有救世主，一切要靠我们自己。这意味着，昔日由宗教（包括基督教）庇护着的人之为人的不可让渡的绝对尊严、绝对权利、绝对责任，昔日由宗教（包括基督教）庇护着的人之为人的不可让渡的自由，现在都回到了人类自己的手中。自由地行善、自由地行恶，最终逐渐由恶向善，成为人类的必然选择。把生命看作一个自组织、自

① ［美］威廉·巴雷特：《非理性的人》，杨照明等译，商务印书馆1995年版，第93页。

② 中共中央马克思恩格斯列宁斯大林著作编译局编译：《马克思恩格斯全集》（第3卷），人民出版社2009年版，第48页。

鼓励、自协调的自控巨系统，也是人类必须直面的现实。

由此，再来回顾一下百年前的中国，其中的历史线索也就一目了然。"以美育代宗教"（蔡元培）、"以科学代宗教"（陈独秀）、"以伦理代宗教"（梁漱溟）、"以哲学代宗教"（冯友兰）……甚至是"以主义代宗教"（孙中山），也就是：以意识形态代宗教，以革命代宗教。梁漱溟后来总结说：在其中真正成功的只有"主义加团体"，也就是以主义代宗教和以团体新生活取代伦理旧组织，在他看来，这是百年中国所完成的两件大事。而在其中，我们所必须看到的，却是无论如何都要"代宗教"。中国人的焦灼心态在这里显而易见。也因此，梁漱溟才总结说：宗教问题是中西文化的分界线。而严复总结的"身贵自由，国贵自主"，国家富强与贫弱的关键，在于"自由不自由耳"，也恰恰深刻地回答了所谓"信仰"的真实含义。至于鲁迅说的"东方发白，人类向各民族所要的是'人'"，那就更是清清楚楚了。从这个角度，我们不难发现：中国人亟待走向现代化，但是却不必要走向西方，更绝对不必要走向基督教，唯一的选择，就是走向信仰。

这样，从"大历史"到"大文化"，现在也就来到了"大美学"。我们已经看到，在西方，是宗教（包括基督教）退回了教堂，在中国，是革命退回了殿堂。那么，信仰的建构如何可能？显然，审美与艺术的历史使命也就因此而脱颖而出。审美与艺术，取代宗教与革命，成了信仰的孵化器、信仰的温床。而且，它也完全可以胜任。因为宗教是"超验表象的思"，以笃信去坚守绝对价值、终极价值，也是将意义人格化；哲学是"纯粹的思"，以概念去表征绝对价值、终极价值，是将意义抽象化；审美与艺术则是"感性直观的思"，它以形象去呈现绝对价值、终极价值，是将意义形象化。因此，"因审美而信仰"与"因信仰而审美"，其实都是一回事。康德、谢林、叔本华、尼采、海德格尔、阿多诺、马尔库塞……这些真正震撼了世界的大哲，正是由此出发，才意外地发现并且走向了审美与艺术。审美与艺术成为时代的焦点，也成为哲学的核心问题，甚至成为第一哲学，道理在此。美学为什么会被西方的大哲学家关注？道理也在此。他们并不关注美学这个学科，而是关注审美与艺术的重大意义。尼采发现了问题，出来断喝一声：上帝死了。于是，审美与艺术也就进入了世界。它过去只是奢侈品、附属品，现在却要承担起时代的重任。犹如孔子与孔家店。孔子要面对的是时代问题，而孔家店关心的只是开"店"。因此，我们才要打倒孔家店，但是，我们从来就不同意打倒孔子。

　　"大美学"还使得我们可以从反面去把握审美与艺术的重大意义。这就是：审美与艺术对于作为元问题的虚无主义的阻击。在西方，宗教（包括基督教）退回了教堂，在中国，革命也退回了殿堂。于是，虚无主义也就四处肆虐并且甚嚣尘上。因此，在美学教授的眼中，看到的是生态问题、生活问题、身体问题或者审美文化问题等。但是，在思想家的眼中，看到的却是虚无主义的问题。而且，必须要说，在所有的问题之中，只有虚无主义，才是元问题。所以尼采才说：未来将是二百年的虚无主义盛行。这当然是真知灼见！因为尼采一家五代出了二十多个牧师，因此他深知其中的弊端。因为虚无主义，才导致了不生态、不生活、不身体、不文化，总之，是导致了不自由。由此，也只有从阻击虚无主义的角度去研究生态、生活、身体、文化，乃至研究自由，才算是直面了真正的问题。也因此，审美与艺术的重大意义，也就再一次地显露出来。这就是所谓的审美救赎。当然，阻击虚无主义，还离不开马克思所说的劳动救赎。但是，这毕竟是把虚无主义作为一个历史性的问题，然后再用历史性的劳动去救赎。至于审美与艺术，则仍旧是附着于劳动之上的附属品和奢侈品。但是却忽视了，现实劳动无可避免地总是带有着现实性，也是没有办法真正地实现人类的自由的。真正地实现人类的自由，则唯有在象征的维度，当然，这也就是审美与艺术的重大意义，即审美救赎。这也就是说，审美救赎，意味着对于自己所希望的生活以审美的方式赎回。人注定为人，但是却又命中注定生活在自己并不希望的生活中，而且也始终处于一种被剥夺了生活的存在状态。它一直存在，但是却又一直隐匿不彰，以致只是在变动的时代中我们才第一次发现，也才意识到必须要去赎回。然而，因为已经没有了彼岸的庇护，因此，这所谓的赎回也就只能是我们的自我救赎，也就是所谓的审美赎回、审美救赎。当然，这已经不复是宗教救赎的福音，而是审美救赎的福音。因此，尼采才会说："无论抵抗何种否定生命的意志，艺术是唯一占优势的力量，是卓越的反基督教、反佛教、反虚无主义的力量。"这就是尼采的生命美学，它已经远远溢出了传统的美学的领域，而成为现代文化的救赎方案，成为人类自身的自我谋划。因而，也就进而成为一个生命政治学的问题、文化政治学的问题。而包括荣格、海德格尔、阿多诺、马尔库塞在内的许多大思想家走向审美救赎，道理也在这里。

例如，1915年，韦伯就提出了审美救赎的问题。在他看来，审美与艺术之所以能够代替宗教，是因为存在着价值分化。这也就意味着，从理性合理化、技术合理化的角度，韦伯看到了由于合理化组织社会生活而导致的现代社会的分裂，看到了科学技术、法律道德、审美与艺术三个领域的"胜利大逃亡"。审美与艺术曾经是宗教的附属，本来是要依附于宗教的，而在现代社会却日益自主，开始秉持了自己的权利。它有了独立的生命，成为独立的世界，可以自主设立价值目标，沿袭着自己的生长逻辑，并且已经有了自己的技术保证：

"新的技术手段的发展首先只是意味着分化的增长，并且仅仅提供了在强化价值意义上增加艺术'财富'的可能性。"[1]独立自足的审美与艺术第一次出现了。那么，作为一种有可能去遏制工具理性带来的恶果的力量，审美与艺术的奥秘何在？这又应该与韦伯对于目的理性与价值理性的思考有关。区别于以达到目的为目标的合理性，以价值的实现为目标的合理性是一种不计得失的、不讲任何条件的、不顾一切的价值。[2]"谁要是无视可以预见的后果，他的行为服从于他对义务、尊严、美、宗教训示、孝顺或者某一件'事'的重要性的信念，不管什么形式的，它坚信必须这样做，这就是纯粹的价值合乎理性的行为。"[3]而"不管什么形式的"，对"尊严、美"的"坚信"，就是审美与艺术。韦伯指出："科学工作要受进步过程的约束，而在艺术领域，这个意义上的进步是不存在的。"[4]"一件真正'完美'的艺术品，永远不会被超

①　［德］马克斯·韦伯：《社会科学方法论》，韩水法等译，中央编译出版社2002年版，第167页。

②　［德］马克斯·韦伯：《经济与社会》（上卷），林荣远译，商务印书馆1997年版，第57页。

③　［德］马克斯·韦伯：《经济与社会》（上卷），林荣远译，商务印书馆1997年版，第57页。

④　［德］马克斯·韦伯：《学术与政治》，冯克利译，外文出版社1998年版，第27页。

越，永远不会过时；每个人对它的意义评价不一，但谁也不能说，一件艺术性完美的作品被另一件同样'完美'的作品超越了。"①艺术就因为自身的无功利性和普遍有效性，而在对抗因目的理性和宗教缺失所导致的社会矛盾和信仰空白中功绩卓著。现代性的关联，在艺术中第一次被建构起来。由此，"在生活的理智化和合理化的发展条件下，艺术正越来越变成一个掌握了独立价值的世界。无论怎样解释，它确实承担起一种世俗的救赎功能，从而将人们从日常生活中，特别是从越来越沉重的理论的与实践的理性主义的压力下拯救出来"②。

再如法兰克福学派。关于法兰克福学派的研究，在中国可谓显学，研究论著、论文之多令人欣喜。但是，无可讳言，这些研究却大多是从物化、异化、生态、自由、正义问题开始，也是从物化、异化、生态、自由、正义问题结束，难免给人以就事论事之憾。其实，在这些问题的背后，还潜藏着一个更加内在、更为根本的角度：虚无主义。法兰克福学派，就其实质而言，也是对于虚无主义的克服。只有从这个角度，才能够真正深入地挖掘法兰克福学派关于审美救赎的思考的内涵。

---

① ［德］马克斯·韦伯：《韦伯文集》（上），韩水法编，中国广播电视出版社2000年版，第82页。

② 转引自李健：《审美乌托邦的想象——从韦伯到法兰克福学派的审美救赎之路》，社会科学文献出版社2009年版，第44页。

而且，我们知道，对于审美与艺术，西方马克思主义美学中的"东马"一般都持"艺术工具论"的观念，而西方马克思主义美学中的"西马"却持"艺术自主论"的观念。当然，在"东马"内部也有不同。在列宁，强调更多的是"党领导下的艺术"；在卢卡奇，却是"自由的艺术"。只是，这里的"自由的艺术"仅仅是"认识的自由"，这就是卢卡奇所谓"具体的总体"（请注意"东马"与中国的实践美学的"神似"）。然而，要论实际影响，那无疑还要数"西马"。这当然是因为，"西马"所发现的当代社会的奥秘要远为深刻。

其中的第一步，其实从"东马"的卢卡奇已经开始。西方马克思主义注意到，国家现在不光是一个政治社会，还已经是一个市民社会。这也就是说，国家不但是一个硬国家机器，还是一个软国家机器。国家＝政治社会＋市民社会，国家＝硬国家机器＋软国家机器。例如，领导权是由统治权产生的，但是却要比统治权更丰富。它是一种建立在普遍同意之上的"统治权"。其中的关键，就是暴力与强权已经被文化的控制所取代。因此，亟待找到一个较之"经济基础决定上层建筑"更具说服力的、关于文化的相对独立作用的考察。由此，法兰克福学派把目光投向了文化世界。值此时刻，社会现代化进程中的关键并不在于感性与理性的对立，因此审美的所谓"协调"，究其根本而言，其实也无足轻重；事实上，社会现代化进程中的关键在于：人与物的颠倒。也就是马尔库塞所抨击的所谓"痛苦中的安乐""不幸中的幸福感"。"虚假的需求"被当作自己的"真正的需求"。在真正的文化世界，必须是两大要素的体现："否定"以及"对幸福的承诺"。但是现在在文化世界中这两点却都已经无法看到。究其原因，则是由于异化与物化的出现。弗洛姆、马尔库塞等人发现资本主义意识形态所染指的已不仅仅是人的意识，还有人性。资本主义意识形态对人性的奴役早已深入骨髓，进入无意识层面，早已将人性重新进行编码了。也因此，这被重新编码了的人性从来不会支持任何一场旨在改变资本主义社会制度的革命。审美与艺术的重大意义恰恰在于借助于见证自由以及对于人之为人的不可让渡的尊严、权利的维护来唤醒人性。由此，沃林曾经称本雅明的美学为"救赎美学"，其实，整个法兰克福学派都是"救赎美学"。以至于福柯竟然会感叹："道路已经被法兰克福学派打开了。"①因此，我们也必须重新去认识与把握审美与艺术的真实内涵，尤其是过去所未能去认识与把握的审美与艺术的真实内涵。当然，这一切同样都是那些美学教授所无法胜任的，因为他们所关注的恰恰是人类所不关注的，也是西方的大哲学

① ［法］福柯：《结构主义和后结构主义》，杜小真编：《福柯集》，上海远东出版社1998年版，第493页。

家所不关注的。克罗齐就已经开始将席勒的"游戏冲动"评价为"不幸的命名"，并且认为："到底什么是审美活动，席勒并未说清楚。"原因在此。生命美学的诞生，原因也在此。

总之，时代的巨变，使得审美与艺术真正成为审美与艺术，简而言之，它不再是实践活动的附属品、奢侈品，而成为生命活动中的必然与必须。它当然无法取代现实的实践活动，"武器的批判"与"批判的武器"之间的区别，我们无疑是知道的。但是，从"康德以后"到"尼采以后"，他们所开辟的美学道路，也是无可争议的。因为在价值分化的世界，科学技术、法律道德和审美艺术三个领域之间亟待协调，人类毕竟亟待在象征意义上去与工具理性、目的理性抗衡。何况，人类世界是一个自由为恶也自由为善的过程，这一点没有谁可以干涉，上帝不行，理性也不行，都无法干涉这个世界的恶，也无法干涉这个世界的善。但是，这个世界又毕竟是由恶向善的，又毕竟是慢慢地自由趋向善的，这当然是生命本身自鼓励、自反馈、自组织、自协同的结果，也是审美与艺术在其中发挥了巨大作用的结果。打个比方，我们开车的时候倘若要让自己的车开在车道上，我们要如何去做？正确的方式是方向盘左边打一下，右边打一下，不断地打方向盘，结果自己的车就一直开在了车道上。那么，是谁促使我们把手中的方向盘打来打去的？过去，我们认为是神性或者是理性，而现在我们认为是生命本身，这就是恩格斯所说的"历史的合力"。它是无数互相交错的力量，有无数个力的平行四边形，在其中各种力量都在不自觉地和不自主地起着作用。这一点，在神性的时代与理性的时代我们并不清楚，起码是并不十分清楚。毕竟，那个时候社会的主要动力仍旧是"神性"或者"理性"，审美与艺术仅仅是在辅助的、从属的、娱乐的意义上存在。也因此，人类也就必然呼唤着全新的美学，去对审美与艺术在其中发挥的巨大作用加以认真的说明，这就正如尼采所感悟到的"超感性世界没有作用力了。它没有任何生命力了"。因此要"创造一种对生命的袒护，强大到足以胜任伟大的政治：这种伟大的政治使生理学变成所有其他问题的主宰，……它要把人类培育为整体，它对种族、民族、个体的衡量是根据他们的未来，根据他们所蕴含的对于生命的保证进行的，……它无情地与所有蜕化者和寄生虫一刀两断"。无疑，这正是一个世纪的"次生子""早产儿"的睿智。对此，德国学者彼得·科斯洛夫斯基也曾经以"技术模式"与"生命模式"的不同导向来加以说明。在他看来，也许，"我们完全可以设想会出现又一个轴心时代"，以便为人类的行为规范和价值系统"重新定向"。昔日我们一味赞美"现代"，似乎它永远是"一个开始"，而没有也不会有"一个终结"。现在我们却发现：可以"将人类，实际上作为一个整体的生命，重新纳入到自然中来，同时，不仅将各种生命当成达到我们目的的手段，而且当作它们自身的目的"。当然，这也就是生命美学在"尼采以后"横空出世的全部理由。因为在借助神性与理性并且仅仅"将各种生命当成达到我们目的的手段"去对于审美与艺术加以说明之后，现在还亟待借助生命并且将生命"当作它们自身的目的"对于审美与艺术重新加以说明。

三、美学的终结

综上所述，我讲到的，其实是生命美学之所以出现的思想背景。概括言之，可以叫作："以信仰代宗教"与"以审美促信仰"。简而言之，在宗教退回教堂、革命退回殿堂之后，信仰的重要性被凸显出来。审美与艺术则成为信仰建构的重要推动力量。因此，是"因审美，而信仰"，也是"因信仰，而审美"。①

不过，前面我所讲的，还只是生命美学得以产生的外在原因。可是，外因毕竟是变化的条件，内因才是变化的根据。因此，下面我们还要来进而讨论一下生命美学得以产生的内在原因。

---

① 具体的论述，可参见我的《信仰建构中的审美救赎》一书，人民出版社2018年版。

而这就涉及对于审美与艺术本身的讨论。

然而，这也并不容易。本来，问题并不复杂。审美与艺术家所涉及的，其实就是一个人所共知的困惑。叔本华曾经提示说："关于美的形而上学，其真正的难题可以以这样的发问相当简单地表示出来：在某一事物与我们的意欲没有任何关联的情况下，这一事物为什么会引起我们的某种愉悦之情？"①在我看来，这段话是对"主观的普遍必然性"这一康德的重大发现的一个深入显出的说明。确实，情感愉悦早已是一个老问题，而且，诸如逐利的情感愉悦、求真的情感愉悦、向善的情感愉悦，也都已经得到了令人信服的解释。但是，引人瞩目的是，审美的情感愉悦却始终没有能够得到令人信服的解释。"画饼"不是为了"充饥"，"望梅"不是为了"止渴"，那么，为什么还要"画"？为什么还要"望"？其他的木头都可以"焚"，"琴"何以就不能"焚"？鸡鸭鱼肉都可以"煮"，"鹤"何以就不能"煮"？或者，审美与艺术没有用，但是为什么却又须臾不可离开？平心而论，人类也并不是没有意识到其中必定蕴含着深刻的含义，但是，长期以来，却学派纷争，各持一说，似乎谁都难以服众。而且，当年曾经以

———————————

① ［德］叔本华：《叔本华思想随笔》，韦启昌译，上海人民出版社2005年版，第33页。

为已经完美解释了的，一旦时过境迁，似乎也就变得破绽百出，难以令人信服。例如，人们曾经将审美与艺术作为神性的附庸，或者将审美与艺术作为理性的附庸，并且由此而在辅助的、从属的、娱乐的层面做出过解释。可是一旦连上帝、理性都灰飞烟灭，这些解释也就再也没有了市场。然而，审美与艺术却仍旧存在，而且，还一切如前所叙，不论是就"以审美促信仰"而言，还是就阻击作为元问题的虚无主义而言，其影响都日益重大，日益显赫。因此，对于审美与艺术的解释又是必然的，也是必须的。

无疑，这一切都期待着一种全新的对于审美与艺术的解释。而且，这也正是在"尼采以后"的生命美学的努力方向。

具体来说，生命美学亟待建构的，是一种更加人性化，也更具未来的新美学。它遵循的，是实事求是的原则，既不唯上，也不唯书，更不唯教条。

也因此，在生命美学看来，首先，美学的奥秘在人（"人是人"、自然界的奇迹是"生成为人"）。

美学所面对的，从表面看是审美的困惑，其实是人的困惑。因此重要的不是直面"审美"，而是直面"人为什么非审美不可"。①因此，破解审美的奥秘就是破解人的奥秘。这样，就美学而言，换言之，美学是什么与人是什么无非就是一个问题的两面。从美学去考察人与从人去考察美学是内在一致的。如何理解自己，也就如何理解美学；如何理解美学，也就如何理解自己。在这个意义上，不难看出，人是一种实践的存在、审美的存在……人也是一种理论的存在。在人类的行动背后，一定存在如此而不如彼的理论根据。它可能是自觉的，也可能是不自觉的，但是却也一定是存在着的。因此人类的觉醒也就一定伴随着理论的觉醒。人有一点自觉到自己是人，是与动物不同的人，也就一定会自觉到哲学、自觉到美学。人类的自觉一定是要通过哲学的理论方式——尤其是美学的理论方式去加以实现的。因此，意识到了人是人，也就意识到了哲学。意识到了人是审美的人，也就有了美学。美学的自觉，无非就是审美的人的自觉。美学，无非是从理论上解放人，从精神上说明人，无非是以理论的方式再造审美的人。美学的诞生意味着人的第二次诞生——精神的人、自由的人的诞生。而且，人类的未来要借助美学的塑造，人类的未来也要在美学中去求

---

① 实践美学、新实践美学都热衷于说明"审美活动无功利性"，因此也就远离了人的困惑。生命美学要说明的是"审美活动的无功利性的功利性"。因为，只是审美愉悦，就可能是实践活动的附属品、奢侈品，而很可能没有触及审美活动作为生命活动的必然与必须的根本特征。

解。当然，这也就是我称美学为生命美学的全部理由。美学面对的是人类的审美活动，表达的却是对于人类自身的看法。美学为了理解自己而理解审美活动，而且，美学理解审美活动也就是为了理解自己。"生命"，作为本体性的、根本性的视界因此得以脱颖而出。

这样一来，美学的思考就必须从"人是人"开始。自然界的奇迹是"生成为人"，但是，人是自然的产物，但却又是对于自然的超越；人是物，但却又是对物的超越。人什么都不是，而只是"是"。人是X，人是未定性，是"未完成性""无限可能性""自我超越性""不确定性""开放性""创造性"。因此，只有人，而并非动物，才出现了"是人""有人""像人"的问题。人自身也是二律背反，因此就无法用"神性"和"理性"的方式去把握。无疑，这使得人成为茫茫宇宙中最喜欢提问的动物。而且，对于人类而言，亟待回答的又何止是"十万个为什么"。例如："我是谁？"动物无疑不会这样提问题。动物是谁，是早已被他们自身物的属性所决定的。人却不同，人是人，意味着人的本质不是给定的，不是前定的，也不是固定的，而是由人去自我规定、自我生成的。在自然界的生成之中，只有人能够摆脱一切听从必然、听从本质的动物命运，只有人能够自己主宰自己，自己规定自己，自己支配自己。因此，也只有人才会去追问"我是谁"，因为只有人才需要自己安顿自己的生命，自己选择自己的未来，自己创造自己的本质。"我是谁"的追问，问的是人的未来，也就是去问人身上所禀受着的超出动物的所在。这一问，问的不是人的过去，而是人的未来，也不是"人是什么"，而是"人之所是"。由此才能够深刻理解康德首先提出的"人是人自身目的"的观点。人无疑是来自非人，或许是动物，也许是神，但是人最终成为人却绝对与非人的力量无关，而是凭借自身的活动，是自身的活动才把自身造就为人的。人是被自己创造出来的。

而这当然也就亟待首先从"物的逻辑"转向"人的逻辑"。三十八年前，我首倡生命美学之初，也正是从这里起步。在我看来，"见物不见人"的思维方式，是美学研究的大敌。人的存在逻辑不同于物的存在逻辑，显然不宜以"属加种差"的"物的逻辑"去把握。倘若如此，无异于在人之外去理解人，借助外在尺度去把握人。人之为人，突破了物的存在形式，也超越了物的本质规定，如果仍旧以规定物的方式去规定人，就会导致对人的抽象化规定乃至对人的抽象化表达。所谓人的先定本质就是这样出笼的。诸如非人的、抽象的、自在的、先在的、外在的等等，关注的是本质的前定性、预成性、普遍性、不变性的规定之类"物种"的规定方式。这其实是试图从人的初始本原去理解人，是试图把人还原成为物，从物的根本性质去理解人、说明人，①形式逻辑因此而大行其道。或此或彼，非彼即此，是即是，否即否，排中律、同一律、不矛盾律充斥美学论著的字里行间。然而，事实上，形式逻辑的方法对人是无效的。不见人、敌视人乃至失落了人，就是它的必然结果。也因此，在美学研究中，人也失落得太久了。生命美学期待的，是建立一种能够全面理解和把握人的全新的生命逻辑，是从根本上转变美学的视角、拓展美学的视野、更新美学的观念。当然，这也正是我当年要在实践美学一统天下、美学界万马齐喑的时候毅然提出突破实践美学、建构生命美学的原因。而且，在我看来，这其实也就是对于美学的非美学困局的克服。美学不但不宜神学化，而且也不宜理性化，而应该生命化，就类似庄子所疾呼的"绝圣弃智"，美学不是神学的婢女，也不是科学的附庸，美学，就是美学。显然，生命美学为自己所赋予的使命也正是：回到美学。

顺理成章地，其次，则是人的奥秘在生命（"作为人"、人的奇迹是"生成为"生命）。

"人成为人"，涉及的是人与物的区别；"人作为人"，涉及的是人与自身的区别。所以"人各有命"，也所

———

① 这当然是一种把人"物化"为外在对象的逻辑。其中，神化的方式是把人作为幻化的外在对象，理性化的方式是把人作为直观外在对象。

以，人有做人之道，但是动物却不必有做动物之道。生命进化是自然进化的奇迹，这当然就是：进化为人的生命。从"人的逻辑"出发，不难看到"人的生命"的重要。这是因为，就人而言，不但存在着与动物类似的第一生命的进化，所谓"原生命"，而且还更存在与动物生命截然不同的第二生命的进化，所谓"超生命"。因此苏格拉底才会说："不是生命，而是好的生命，才有价值。""追求好的生活远过于生活。"卢梭才会说："呼吸不等于生活。"老子也才会说："死而不亡者寿。"显然，在这里，亟待把"生活"与"活着"区别开。"活着"并不是生活。在这当中，关键的关键就在于：人的生命存在方式的改变。马克思指出："一当人们自己开始生产他们所必需的生活资料的时候（这一步是由他们的肉体组织所决定的），他们就开始把自己和动物区别开来。"[①]"个人怎样表现自己的生活，他们自己也就怎样。因此，他们是什么样的，这同他们的生产是一致的。"于是，人的生命开始不再依赖环境而定了，自己的生命活动成为人类自己的主宰。动物的生命并非自主，人的生命却是自主的。在这个意义上，如果还一定要称人是一种存在，那就一定要立即补充说：人是一种特

---

① 中共中央马克思恩格斯列宁斯大林著作编译局编译：《马克思恩格斯全集》（第3卷），人民出版社1966年版，第24页。

殊的存在。因为它是一种有自我意识的存在。①借助马克思的发现：人是一种存在意味着"人直接地是自然存在物"；人是一种特殊的存在则意味着人还是"有意识的存在物"。严格而言，这才是一种生命存在，也正是生命美学所要面对的生命存在。"自然界生成为人"，"生成"的就是这样的人，因此才"人是人"。当然，这也就从"人是人"走向了"作为人"。而且，这也并不就意味着人就是自然界物种进化的结果，而是意味着人是借助自己的活动才最终得以自己把自己"生成为人""生成为"生命的。

再次，当然也就是：生命的奥秘在"生成为人"（"成为人"、生命的奇迹是"生成为"精神生命）。

自然界进化为人的关键是进化为生命。然而，生命之为生命，严格而言，其实主要是指的"第二生命"，换言之，只有第二生命才是"生命"——人的生命。"一半是魔鬼，一半是天使"，无疑并没有道破其中的真相。而且，人是被人自己的活动造就为人的。这意味着美学的思维方式必须完成一个根本的变化：人不再是一个纯粹的被造物，不再只能谨小慎微地遵循物种的规定去规定自身，也不再卑怯地从外部去寻找人的

---

① 因此美学有两重本性：与第一生命相关的科学（社会科学）本性和与第二生命相关的宗教本性。然而，美学不是科学，也不是宗教，但是美学又是科学，也又是宗教。它是哲学，是反思性的学科。而且美学是第一哲学。

生成根源，而是转向从人的自身活动去理解人、理解生命。于是，也就不难看到，人之为人，是由人自己的活动造成的，也是伴随人的活动而不断生成。就人而言，不存在什么先在的本质，一切都是人的生命活动造成和生成的，人是人自己的生命活动的作品。也因此，人之生命也就不再仅仅只是为生命本身的，而且还更为为创造生命这一更高的目的服务的。人之生命，不但是"自然成长"的生命，而且还是"人为造就"的生命。遗憾的是，美学却从来没有去旗帜鲜明地研究这个"人为造就"的生命。由此不难看出，生命美学何以为自己选择了"生命"作为必要的突破口。他所指向的，恰恰就是："人为造就"的生命。"是"与"应是"，生命的"时间性""超越性"和"创造性"，成为被关注的重点。从"本质"到"生成"，则是其中的关键转换。"本质先在原则"的"前定本质论""实体本质论"和"本质不变论"被统统拒斥，"生命活动生成论"得以脱颖而出。

最后，"生成为人"的奥秘在"生成为"审美的人（审美人、精神生命的奇迹是"生成为"审美生命）。

尽管李泽厚先生曾经六次公开批评生命美学，其主要看法都是：生命美学的"生命"是动物的"生命"。然而，这其实只能暴露出李泽厚思想观念的落后，因为人类关于"生命"的看法早就超出了这一陈旧得不能再陈旧的疆域。例如政治生命、职业生命、学术生命……这一切都是人们最为熟知不过的。其中，当然也包括审美生命。兰德曼剖析过作为上帝的产物的人、作为理性存在的人、作为生命存在的人、作为文化存在的人、作为社会存在的人、作为历史存在的人、作为传统存在的人。生命美学剖析的，则是作为审美存在的人。这是因为，人的价值选择与评价不但是"满足"，而且还更是"追求"——追求"生成"。显然，人类的生命活动与动物不同，是目的性活动而不是手段性活动。人的价值选择与评价的最高追求因此就是"生成为"人，也就是人借助自己的活动去创造自己的本质，去实现自己的创造超生命本质这一更高的目的。正如马克思所指出的："人的根本就是人本身。""人本身是人的最高本质。"[1]但是，由于现实世界、此岸世界的限制，这一切都只能在象征、隐喻意义上去加以实现。"人是人的作品，是文化、历史的产物。"[2]因此，这里的人的价值选择与评价的最高追求是"生成为"人，也就只能体现为"生成为""审美的人"。这正是所谓的"我审美故我在"。于是，生命即审美，审美也即生命。审美的人（审美生命）是"人"

---

[1] 中共中央马克思恩格斯列宁斯大林著作编译局编译：《马克思恩格斯全集》（第1卷），人民出版社1956年版，第460、467页。

[2] ［德］费尔巴哈：《费尔巴哈哲学著作选集》（上卷），商务印书馆1984年版，第247页。

的理想实现。也因此，只有它，才是人类的最高生命。这样，美学之为美学，也就必然是这最高生命的觉醒与自觉，是这最高生命的理论表达。当然，美学之为美学，也就必然应该是也只能是：生命美学。

四、四大转换

与美学的重新建构密切相关的，是四大转换。同时，它也意味着，美学要走出四大误区。

具体来说，美学要走出"自然的人化"的误区，走向"自然界向人生成"的转换；美学要走出"适者生存"的误区，走向"爱者优存"的转换；美学要走出"我实践故我在"的误区，走向"我爱故我在"的转换；美学还要走出审美活动是实践活动的附属品、奢侈品的误区，走向审美活动是生命活动的必然与必需的转换。

首先，美学要走出"自然的人化"的误区，走向"自然界向人生成"的转换。

昔日的美学，无论具体的看法如何，都存在着一个外在的原因，也是共同的原因。例如神性的推动、理性的推动等。实践美学也是如此，无非是把推动力放在了外在的实践活动身上。所谓"劳动创造了美""自然的人化"，则是其中的关键词。但是，我已经讨论过，而今神性、理性作为外在的推动力已经完全没有了说服力，第一推动力、救世主都没有了，再用神性或者理性去解释审美与艺术，也已经此路不通。应该说，这已经成为人们的共识。

就以中国的新时期以来的美学研究为例，表面看起来是"实践"与"生命"的对立，但是实际上却是一个不断地"去实践化""弱实践化"与"泛实践化"的过程。生命美学、超越美学、存在美学就不用说了，因为它们都是走在"去实践化"的道路之上。而新实践美学也好，实践存在论美学也好，包括李泽厚本人力主的实践美学也好，其实也都是在不同程度地给实践加括号，都是在悬置它。新实践美学的"新"在哪里？实践存在论美学何以要为"实践"加上"存在"？他们当然都是解释为"拓展"，但是，与其解释为"拓展"，远不如解释为"弱实践化""泛实践化"更为合乎实际情况。李泽厚的"情本体"是怎么回事？难道不也是在"弱实践化""泛实践化"？显然，从一般本体论的实践本体论转向了基础本体论、主体间性的超越本体论，情本境界的生命本体论，是其中的大趋势。而在这背后，"去本质化""弱本质化""泛本质化"也就不再幻想用神性或者理性的方法来界定审美与艺术。严羽说："吾论诗，若哪吒太子析骨还父，析肉还母。"其实，中国的新时期以来的美学研究所走过的，也同样是"析骨还父，析肉还母"的道路，即"去实践化""弱实践化"

与"泛实践化",也即"去本质化""弱本质化"与"泛本质化"。

海森堡说:"在物理学发展的各个时期,凡是由于出现上述这种原因而对以实验为基础的事实不能提出一个逻辑无可指责的描述的时刻,推动事物前进的最富有成效的做法,就是往往把现在所发现的矛盾提升为原理。这也就是说,试图把这个矛盾纳入理论的基本假说之中而为科学知识开拓新的领域。"显然,当美学发生了转变,当上帝与理性退出了美学的中心之后,我们也亟待提出一个新的"假设",以便把"现在所发现的矛盾提升为真理"并且"开拓新的领域"。当然,这个"假设",就是"生命"。

我所强调的美学的第一个转换,也就因此而呼之欲出了。这就是向"自然界生成为人"的转换。

在中国,人们喜欢讲"自然的人化",甚至出现了"实践拜物教"或者"劳动拜物教"(因此我经常建议年轻博士可以写一篇博士论文,去认真地反省一下当代中国美学的"实践"话语或者"劳动"话语),但是后来却遭遇了几乎是所有人的迎头痛击。最煞风景的是,连被奉为神圣的马克思的"劳动创造了美"也被改译为"劳动生产了美"。何况,这样一种把自然界与人蛮横无情地用"实践"去断开的方法既不合情也不合理。其中,至少有四个没有办法解释的困惑。第一,自然科学早就证明了动物也制造工具，而且已经制造了好多万年，那么，为什么动物偏偏就没有进化为人？第二，本来已经被制造工具的实践积淀过的"狼孩"——被狼弄去养大的小孩，为什么无论怎么教育都再也无法成为人了呢？第三，地震灾害降临的时候，众多动物中为什么最愚钝无知的偏偏是已经被制造工具的实践积淀过了的人类？第四，性审美肯定是出现在实践活动之前的，这无可置疑，那么，又怎么解释？

其实，物质实践与审美活动都是生命的"所然"，只有生命本身，才是这一切的"所以然"。人类无疑是先有生命然后才有实践。我们知道，宇宙的年龄大约是一百五十亿年，地球的年龄大约是四十六亿年，生物的年龄大约是三十三亿年，而人类的年龄则大约是三百万年。试问，在这三百万年里，人类的生命无疑已经自始至终都存在着，可是，是否也自始至终都存在着人类的物质实践？如果有，无疑还需要科学论证；如果没有，那么，是否就是在断言：那个时候的人还根本就不是人？而且，马克思已经指出："任何人类历史的第一个前提无疑是有生命的个人的存在。"那么，生命难道不也是物质实践的"第一个前提"？更何况，人类是在没有制造出石头工具之前就已经进化出了手，进化出了足弓、骨盆、膝盖骨、拇指，进化出了平衡、对称、比例……光波的辐射波长全距在10的负四次方米到10的八次方米之间，但是人类却在物质实践之前就进化出了与太阳光线能量最高部分的光波波长相同、仅在400纳米到800纳米之间的内在和谐区域；同时，温度是从零下几百摄氏度到零上几千摄氏度的都存在的，但是人类却在物质实践之前就进化出了人体最为适宜的20摄氏度到30摄氏度的内在和谐区域。再如，与审美关系密切的语言也不是物质实践的产物，而是源于人类基因组的一个名叫FOXP2的基因，它来自10万—20万年前的基因突变。

那么，何去何从？在我看来，只有转向"自然界生成为人"。

这个问题，我在1991年出版《生命美学》的时候就已经提出了。可惜，那个时候也许是太年轻了，根本没有人理睬我。知音少，年轻有谁光顾？知音少，弦断有谁听？但是，真理是不问年龄的，就像英雄不问出处一样。至于原因，则已如前述，从来就没有救世主，也没有神仙皇帝，作为第一推动力的上帝与理性根本就不存在。我们或许可以把广义的自然称为宇宙世界，而把狭义的自然称为物质世界，前者涵盖人，后者却不涵盖人。因此，宇宙世界不但是物质性的，而且还是超物质性的。在这个意义上，它与人有其相近之处。不同的只是，我们把宇宙世界称为宇宙大生命（涵盖了人类的生命，宇宙即一切，一切即宇宙）的创演，而把人类世界称为与人类小生命的创生。创演，是"生生之美"；创生，则是"生命之美"。

它们之间既有区别又有一致。"生生之美"要通过"生命之美"才能够呈现出来，"生命之美"也必须依赖于"生生之美"的呈现。但是，也有一致之处，这就是：超生命，或者叫作自鼓励、自反馈、自组织、自协同的内在机制。所谓"天道"逻辑——"损有余而补不足"，奉行的"两害相权取其轻，两利相权取其重"的基本原则，生物学家弗朗索瓦·雅各布（Francois Jacob）则称之为"生命的逻辑"。它类似一只神奇的看不见的手。只是，"生生之美"对于"生命的逻辑"是不自觉的，"生命之美"对于"生命的逻辑"则是自觉的。

换言之，不论是宇宙大生命还是人类小生命，其实都是一个"一分为三"而不是"一分为二"的灰度世界，它完全不同于传统的黑白世界。黑白世界或者灰度世界，就是加缪的"局内人"与"局外人"所面对的世界。在灰度世界，人类惯常的"是"与"非"之类的思想已经山穷水尽。存在的并非"从胜利走向胜利"，也并非全知全能。而是进退失据、左右为难，或者是将错就错，所谓"造化弄人"，所谓"得之我幸，失之我命"。人类亟需的，只能是加缪所强调的"荒谬的推理"。而且，一旦意识到了荒诞，生命也就幡然觉醒了。与荒诞同呼吸共命运，也就成为人类的命运。生命存在着，其实也就是荒诞存在着。在灰度世界，我们可以模仿一句陀思妥耶夫斯基的著名句式：如果我们相信，我们并不相信我们相信；

如果我们不相信，我们不相信我们不相信。总之，在灰度世界，最终的结局，永远不是我们想要的结局。而且，在黑白世界，对于人的看法是悲观的，对于命运的看法却是乐观的；在灰度世界，对于命运的看法是悲观的，对于人的看法却是乐观的。因此，在黑白世界，存在着的是关于存在的哲学、形而上学的哲学、物的哲学。或者，是柏拉图式的乐观哲学、"理论乐观主义"，或者，是叔本华式的悲观哲学、"实践悲观主义"。这样，即便是叔本华本人的所谓"觉醒"，也仍旧是不敢去正视人类自己。在灰度世界，存在着的是关于价值的哲学、形而上的哲学、人的哲学。也许我们可以称之为："心学"。而且，人类只能自己去定义自己，这样，也就无所谓乐观哲学、"理论乐观主义"或者悲观哲学、"实践悲观主义"。因为，黑白世界之外的世界，毕竟才是真正值得我们去经历的。这，当然就是加缪的贡献！由此，令人不禁想起了中国的"唯此为大""生无可息""视死如归"以及"存，吾顺事；殁，吾宁也"。

而借助马克思的思考，我们则可以把这样一种生命的创演与创生，生命的自鼓励、自反馈、自组织、自协同称为"自然界生成为人"。

马克思早已说过："历史本身是自然史的一个现实部分，即自然界生成为人这一过程的一个现实部分。"可是我们却一直未能深究，未能意识到亟待去以"自然界生成为人"去提升"自然的人化"。因此，我们忽视了"自然界生成为人"才是马克思主义哲学的核心，也是美学研究的理论基础。"自然的人化"只是马克思的劳动哲学、实践哲学。我们不能只注意到了其中的横向联系，而且还不是全部——只是其中之一，却忽视了其中的纵向联系。而其中一系列的区别是：不是"自然的人化"，而是"自然界生成为人"；不是"劳动创造了美"，而是"劳动与自然一起才是一切财富的源泉"；也不是"人的本质力量的对象化"，而是"自我确证""自由地实现自由""生命的自由表现"。

具体来看，"自然的人化"只能涉及"自然界生成为人"的"现实部分"，也就是"人通过劳动生成"这一阶段，但是"自然界生成为人"的"非现实部分"却无从涉及。例如，实践美学从实践活动看审美活动，主要思路就是美来自"自然的人化"，顺理成章地，人类社会之前也就无美可言了，至于自然美，当然是"自然的人化"的结果。但是，自然的"天然"之美又何以解释？例如月亮的美。因此，只看到"自然界生成为人"的"现实部分"，看不见"自然界生成为人"的"非现实部分"，实践也就被抽象化了。正如马克思所说的，陷入了"对人的自我产生的行动或自我对象化的行动的形式的和抽象的理解"。结果，实践活动成为世界的本体，成为人类存在的根源，也成为审美和美的根源。至于人类实践之前、人类实践之外的一切，则完全被忽略不计。其实，为实践美学所唯独看重的所谓"人类历史"应该只是自然史的一个特殊阶段。因此，马克思所说的"自然界的自我意识"和"自然界的人的本质"，我们都不能忽视。而且它们自身也本来就是互相依存的，后者还是前者得以存在的前提。这样，离开自然去理解人，离开自然史去理解人类历史，就无疑是荒谬的。换言之，人类历史其实是"自然界生成为人这一过程的一个现实部分"，它必须被放进整个自然史，作为自然史的"现实部分"。当然，是在"历史"中人类才真正出现了的，但是，这并不排斥在"历史"之前的"非现实部分"。彼时，人当然尚未出现，"自然界生成为人"的过程也没有成为现实，但是，无可否认的是，自然界也已经处在"生成为人"的过程中了。冒昧地将自然界最初的运动、自然演化和生物进化的漫长过程完全与人剥离开来，并且不屑一顾，是人类中心主义的傲慢，是没有根据的。而"自然界生成为人"则把历史辩证法同自然辩证法统一了起来，也是对于包括人类历史在内的整个自然史的发展规律的准确概括，更完全符合人类迄今所认识到的自然史运动过程的实际情况。

　　而且，从马克思所告诫的"自然界的人的本质"出发，从"自然界的人的本质"的客观存在出发，我们不难理解，那个"被抽象地孤立地理解的、被固定为与人分离的自然界"其实是不存在的，如此这般的自然界，对人来说只能是"无"。自然界往往被实践原则去加以抽象理解，却忽视了它始终都与人彼此相互关联，无从分离。在人生成之前和生成之后，都是如此。可是，在由无生命到有生命直至最高的生命的"自然界生成为人"的过程里，实践活动却主要是在"由无生命到有生命"的阶段起到了重大作用（但也并非唯一），在此前的"无生命"和之后的"最高的生命"阶段，却并非如此。由此，实践美学言必称"实践"，似乎是领到了尚方宝剑，谁都奈何它不得，一切的一切都是缘起于实践也终结于实践，实践无所不能，实践也万能。然而，一旦如此，偏偏也就把"劳动""实践"抽象化了、神秘化了。其实，实践原则并不是万能的。倘若从实践原则发展到"唯实践""实践乌托邦"，则也是不妥的。例如，认为只有实践与人发生关系中的自然才是自然，这就难免落入实践唯心主义、实践拜物教。而且，在现实生活中，我们也已经领教了实践唯心主义、实践拜物教的危害。它将人与自然肆意分离，结果当然认为对待自然可以为所欲为，而且无论怎样去对待自然，都不会反过来伤害自身。"人有多大胆，地有多大产"就是这样出笼的。自然界是人的无机的身体，破坏自然界，当然也就是破坏"自然界的人的本质"、破坏人的本质，也就是把人变成"非人"。如此一来，美学也就无从立足了。

其次，美学要走出"适者生存"的误区，走向"爱者优存"的转换。

这意味着，作为高级的生命现象，人类已经意识到：变化、差异以及对多样性的追求，是抗拒生命熵流的瓦解和破坏的制胜法宝，而人类一旦从被动适应发展到主动适应，人类的自觉也就得以显现。因此，人才可以自觉地与宇宙彼此协同，并且把宇宙生命的创演乃至互生、互惠、互存、互栖、互养的有机共生的根本之道发扬光大，这就是生命美学所立足的生命哲学："万物一体仁爱""生之谓仁爱"。而当我们把生命看作一个自鼓励、自反馈、自组织、自协同的巨系统，当我们自由行善也自由行恶，从而最终得以由恶向善，爱，都是生命之为生命的忠实呵护者。爱守于自由而让他人自由，是宇宙大生命与人类小生命自身的"生命向力"的自觉。

周辅成回忆说：熊十力"觉得宇宙在变，但变决不会回头，退步、向下，它只是向前、向上开展。宇宙如此，人生也如此。这种宇宙人生观点，是乐观的，向前看的。这个观点，讲出了几千年中华民族得以愈来愈文明、愈进步的原因。具有这种健全的宇宙人生观的民族，是所向无敌的，即使有失败，但终必成功"。①其实，这也是人类生命的共同境界。

"你要别人怎样待你，你就要怎样待人"，这是用肯定性、劝令式的方式来表达的西方文化的"爱的黄金法则"；"己所不欲，勿施于人"，这则是以否定性、禁令式的方式表达的中国的"爱的黄金法则"，而且比西方早提出了五百多年。何况，中国有"仁爱"，西方有"博爱"，印度有"慈悲"……这一切告诉我们：爱，内在地靠近人类的根本价值，也内在地隶属于人类的根本价值。爱，是人类根本价值中所蕴含的作为最大公约数与公理的共同价值。

当然，这也就是所谓的"爱者优存"。或者，我们也可以把它称为"非零和博弈"。

"零和博弈"，是"适者生存"的黄金法则。因此，任何时候自己都不能输，而只能是他者输，就是其中的根本要求。但是，这恰恰不是生命之为生命的发展方向。生命史上最完美的故事一定是合作的故事、互助的故事。我活着，首先就要让你活着；我不想做的，也首先不让你做。莎士比亚提示我们："在命运之书里，我们同在一行字之间。""同在一行字之间"，才是人类的共同命运，也才是人类的生命逻辑。

---

① 中国人民政治协商会议湖北省黄冈县委员会编：《回忆熊十力》，湖北人民出版社1989年版，第135页。

因此，生命发展的推动力和最终趋向并不是你死我活的竞争关系，而是互利共赢的合作关系，即"非零和"。这正是柏格森所孜孜以求的"生命冲力"[①]、正数的互利利他、正数的利益总和。它是可以改变一切的"宇宙酸"，也是共同进化的提升机。人类生命的演进，就是这样逐渐走向"非零和博弈"的时代。

在这方面，值得一读的，是罗伯特·赖特的《非零和博弈——人类命运的逻辑》。他指出：早在康德那里，就已经认定人类历史存在着"大自然隐秘计划"，也就是"爱者优存"或"非零和博弈"的"大自然隐秘计划"。"作出这种'设计'的并不是人类设计师，而是自然选择。"它是人类生命存的"非零和动力"。"地球上迄今为止的生命演变就是由这种驱动力塑造的。"因此，"唯有博弈论才能让我们看清楚人类自己的历史"。"地球上生命的历史是一个好到难以书写的故事。但是，无论你是否相信这个故事背后有一个天外的作者，有一点是相当清楚的：这就是我们的故事。作为它的主角，我们无法逃避它的意义。"[②]

---

① ［美］罗伯特·赖特：《非零和博弈——人类命运的逻辑》，赖博译，新华出版社2019年版，第6页。

② ［美］罗伯特·赖特：《非零和博弈——人类命运的逻辑》，赖博译，新华出版社2019年版，第22、8、4、426、425页。

再比如，达尔文有两本书，一本叫《物种起源》，还有一本叫《人类的由来》。《物种起源》是他前期的工作成果。那个时候，达尔文认为物种的进化是靠什么呢？"适者生存"。也就是说，是"弱肉强食"。这当然都是我们所非常熟悉的。但是，这并不是真正的达尔文。达尔文的《人类的由来》是他后期的工作成果。在这本书里，出人意料的是，达尔文极少再用"适者生存"这个概念。有个学者做了个统计，说达尔文在他的这本书里一共只用过两次。其中还有一次是因为要批评"适者生存"这一观念。但是，有一个词，达尔文却用了九十多次，就是"爱"。达尔文提示：事实上什么样的动物种群才能够进化呢？以"爱"作为自己的立身之本的动物种群。这无疑是一场赌博———一场豪赌。因为没有谁知道进化的最终结果，因此不同的动物种群实际上也就都是在豪赌：是自私自利？还是互相关爱？颇有意味的是：最终胜出的不是"适者生存"的动物种群，而是"爱者优存"的动物种群，是以"爱"作为自己的立身之本的动物种群最终胜出！因此，哈佛大学的研究员爱德华·威尔逊称之为"亲生命假设"。因为这个假设认为：生物间存在一种与其他生物亲近的渴望，而人类更需要人与人之间亲密的联系。曾经有一个考古学家带着学生挖出了一个人的尸体，考古学家发现：那个人的腿是断了以后又接上的。于是，他对学生断言：这应该已经是文明社会。因为所有的动物和人一样，都怕受伤，一旦受伤，往往就失去了照顾，其结果就是因伤痛而死。但是这个人不一样，尽管受了伤，但是却能够伤愈。这说明，他一定已经生活在一个互相关爱的社会。这正如舍勒所说："只有当我们爱事物时，我们才能真正认识事物。只有当我们相互热爱，并共同爱某一事物时，我们才能相互认识。"①

总之，我在前面已经说过，信仰的觉醒一定就是自由的觉醒。现在我还要说，自由的觉醒也一定伴随着爱的觉醒。爱是自由觉醒的必然结果，所以生命即爱，爱即生命。在这个意义上，我们再来看马克思的话，就实在犹如醍醐灌顶："我们现在假定人就是人，而人同世界的关系是一种人的关系，那么你就只能用爱来交换爱，只能用信任来交换信任，等等。"因此，提倡爱，其实强调的就是一种"获得世界"的方式。正如西方《圣经》的《新约》说的，"你们必通过真理获得自由"，也正如陀思妥耶夫斯基《卡拉马佐夫兄弟》中的佐西马长老说的，"用爱去获得世界"。或者，不是"我思故我在"，而是"我爱故我在"。在这里，"爱"成为一种"觉"，但不是先天的（先知）先觉，而是后天的（先知）先

---

① ［德］舍勒：《爱的秩序》，林克等译，生活·读书·新知三联书店1995年版，第120页。

觉，而且也先于实践的"积淀"。懂得了这一点，也就懂得了王阳明的"龙场顿悟"，所谓"吾性自足"。换言之，其实在这里存在着一个西方积极心理学所提示的"洛萨达线"——一个消极情绪要以三个积极情绪来抵消。这是临界点。①因此，我们可以通过向积极情绪移动的方式来改变自己。因为这样的话，我们的作为创造力与可能性的心理杠杆就会变得更长，于是力量也就越大。最后，甚至可以撬动一切。这也就是人们往往会意外发现的所谓"爱能战胜一切"。事实上，是积极情绪在不断地创造和修正着我们的心理地图，帮助我们在这个复杂的世界中快乐地生活。失败不再被看作绊脚石，而被看作垫脚石。尽管"人生不如意事常八九"，但是也不再是"常念八九"，而是"常念一二"。犹如人之为人当然要首先满足衣食住行的欲望，但是重要的是我如何去满足衣食住行的欲望。在这个意义上，李泽厚提出"吃饭哲学"，其实就是从康德向黑格尔的倒退。因为，在衣食住行的欲望的背后，还存在着孔子所谓的"安与不安"。什么叫"安与不安"？这个东西不是实践"积淀"而来，而是人生而"觉"之的，是生命的自鼓励、自反馈、自组织、自协同的巨系统的呈现。因此熊十力才

---

① ［美］马丁·塞利格曼：《持续的幸福》，赵昱鲲译，浙江人民出版社2012年版，第61页。

说：只讲生命活动不是真儒学，还要与"仁"结合。这就意味着：在"自然界生成为人"的过程中，还存在着一个不可或缺的东西，这就是"爱"。对此，我们思考一下西方学者阿瑞提出的"内觉"：一种"无定形认识、一种非表现性的认识——也就是不能用形象、语词、思维或任何动作表达出来的一种认识"①，或许能够有所启迪。

我还要提示的是，同样是在1991年，我就已经提出要"带着爱上路"："生命因为禀赋了象征着终极关怀的绝对之爱才有价值，这就是这个世界的真实场景。""学会爱，参与爱，带着爱上路，是审美活动的最后抉择，也是这个世界的最后选择！"不过，后来"带着爱上路"的思路也在逐渐拓展，大大拓展。我还提出了"万物一体仁爱"的生命哲学。当然，北京大学的张世英先生曾经提出过"万物一体"的哲学。但是，我认为还很不够。正如熊十力先生所发现的，只意识到了"万物一体"还不是真儒学，还要意识到"爱"。何况，全部的宋明理学也都在做这件事情，都在超越万物一体，也都已经推进到了"万物一体之仁"，因此我们不应该只停留在"万物一体"的初级阶段。我所做的，则是再进一步，进而以"爱"

---

① ［美］阿瑞提：《创造的秘密》，钱岗南译，辽宁人民出版社1987年版，第70页。

释"仁"，把传统的"万物一体之仁"的生命哲学提升为现代的"万物一体仁爱"的生命哲学，爱即生命、生命即爱与因生而爱、因爱而生则是它的主题。而且，它并非西方的所谓"爱智慧"与智之爱，而是"爱的智慧"与爱之智。当然，顺理成章的是，这一生命哲学也已经作为生命美学的哲学基础，具体的论述，可以参看我的有关论著。

再次，美学还要走出"我实践故我在"的误区，走向"我审美故我在"的转换。

在实践美学一统天下的时候，"实践"成为人之为人的标志，所谓"我实践故我在"。今天的新实践美学、实践存在论美学也仍旧是"犹抱琵琶半遮面"，不敢走出"我实践故我在"的藩篱（因此它们的最大问题是解释不了实践活动之前的审美生成，也无法真正把实践活动与审美活动区分开来）。可是，在生命美学看来，不但可以"我实践故我在"，而且也可以"我审美故我在"。"审美"，同样也是人之为人的标志。甚至，在生命美学看来，只有"我审美故我在"，才是人之为人的标志，"我实践故我在"则不是。当然，如果我们不想过早引起争论的话，那么起码也可以说：人是直立的人，人是宗教的人，人是理性的人，人是实践的人，人——也是审美的人。

无疑，如果只强调人是实践的，只强调"我实践故我在"，其他的都是派生的，包括审美与艺术，无疑会产生很多问题。因为实践活动无论如何也解决不了的一个问题，就是自由的觉醒的理想呈现。这本来是只有在彼岸世界才能呈现的，这就是马克思所憧憬的"把人的世界和人的关系还给人自己"，也是马克思所憧憬的"人的自我意识和自我感觉"。[①]犹如我们说的，只有当人充分是人的时候，他才游戏；只有当人游戏的时候，他才完全是人。同样，只有当人充分是人的时候，他才审美；只有当人审美的时候，他才完全是人。在这个意义上，因爱而美与因美而爱也就完全等值；生命即爱、爱即生命与生命即审美、审美即生命同样完全等值；进而，"我爱故我在"与"我审美故我在"也完全等值。审美与艺术是自由的觉醒的"理想"实现，也是爱的"理想"实现。因此，如果我们今天在此岸世界就要看到美的实现，那就只能借助于审美与艺术。除此之外，别无他法。我们无法从实践活动中逻辑地推论出审美活动，实践活动也不可能作为审美活动的根源。但是，在现实的层面无法实现的，出于人类的超越本性，人类却可以去理想地想象它，而且理想地去加以实现。因为，区别于实践活动、认识活动，审美活动是以理想的象征性的实现为

---

① 中共中央马克思恩格斯列宁斯大林著作编译局编译：《马克思恩格斯选集》（第1卷），人民出版社1972年版，第1页。

中介，体现了人对合目的性与合规律性这两者的超越的需要。它既不服从内在"必需"也不服从"外在目的"，不实际地改造现实世界，也不冷静地理解现实世界，而是从理想性出发，构筑一个虚拟的世界。这就是马克思说的"真正物质生产的彼岸"。而且，这也正是只有审美与艺术才能在"理想"的层面"把人的世界和人的关系还给人自己"，也才能呈现"人的自我意识和自我感觉"的原因之所在。

在这里，十分重要的是形式的生命与生命的形式。"我审美故我在"建构的是一个形式的世界。1991年出版《生命美学》的时候，我在封面上题了一句话——"审美活动所建构的本体的生命世界"，其实正是对此的觉察。当然，这意味着我们的美学研究亟待从"大道至简"开始。例如，对于音乐首先要做"减法"，要把音乐中的美术化的视觉形象、文学化的思想概念减掉，视觉化、概念化或者美术性、文学性，或者造型性、语义性，以及形象化的内容、概念化的哲理，都不属于音乐的美。应该去关注的，只能是音的高低强弱以及节奏、速度。但是，谁又能说这样的音乐里就没有哲学？"德国是高度追求纯音乐与绝对音乐性质的东西，而把音乐当成一种哲学式的东西来掌握的。"（野村良雄）莎士比亚在《威尼斯商人》里甚至说："坏人""灵魂里没有音乐，或是听了甜蜜和谐的乐声而不会感动"。在音乐里，人就是存在于节奏之中的。人是节奏的存在物。节奏也是音乐的灵魂。柏拉图认为：节奏和曲调会渗透到灵魂里面去，并在那里深深扎根，使灵魂变得优美。席勒认为：节奏中可以达到某种普遍的东西，也就是纯人性的东西。节奏使得审美者具有一种完全不同的审美判断力。叔本华认为：节奏"在未做任何判断之前，就产生一种盲目的共鸣"以及"一种加强了的、不依赖于一切理由的说服力"。因此尼采总结说：思想不会步行，要借助韵律的车轮。广而言之，中国诗歌的四声八病，其实也是节奏，它是生命的节奏，也是节奏的生命。诗歌的魅力就来自这里。那么，这是否就是"我节奏故我在"？也因此，审美与艺术都是形式对于内容的征服。并且，也因此而区别于内容的生命与生命的内容。人们发现，审美与艺术的世界往往与真的世界、善的世界无法重叠，例如曹禺的《雷雨》里的繁漪在现实生活里应该是个坏女人，可是在曹禺的作品里却是个好人；托尔斯泰的安娜·卡列尼娜也是如此。《红楼梦》里的贾政在现实生活里是个好干部、好父亲，可是贾宝玉却认为他不可爱。全世界的人写回忆录，大概很少有人说妈妈坏话的，"世上只有妈妈好"，坏的都是后妈；但是曹雪芹在回忆他的妈妈王夫人的时候，却也说她不可爱。还有，健康活泼的东施何以就不如病恹恹的西施美？号啕大哭的情感抒发何以就不是艺术？这就是美和善之间、美和真之间的误差。犹如我们在理解物质世界、动物世界的时候，往往是存在决定现象，可是我们在解释人的精神世界的时候，却是精神创造存在。例如，在求真向善的现实活动中，人类的生命、自由、情感往往要服从于本质、必然、理性，但在审美活动之中，这一切却颠倒了过来，不再是从本质阐释并选择生命，而是从生命阐释并选择本质；不再是从必然阐释并选择自由，而是从自由阐释并选择必然；也不再是从理性阐释并选择情感，而是从情感阐释并选择理性……正如费尔巴哈所发现的："心情厌恶自然之必然性，厌恶理性之必然性。"这当然是因为，在现实生活中，是内容决定形式；但是，在审美与艺术中，却是形式决定内容。

因此，在形式中存在、存在于形式中，无疑也是一种人之为人的生存方式。审美的情感愉悦就是来自形式的愉悦。线条、色彩、明暗；节奏、旋律、和声；跳跃、律动、旋转；抑扬顿挫、起承转合……那喀索斯看见了自己的水中倒影，从此就爱上了自己的倒影，这"水中倒影"不就是"我审美故我在"？皮格马利翁（Pygmalion）是古代塞浦路斯的一位善于雕刻的国王，由于他把全部热情和希望放在自己雕刻的少女雕像身上，后来竟使这座雕像活了起来。这座活了起来的雕像不也是"我审美故我在"？上帝第一天造了光；第二天造了空气；第三天造了地、海与地上的草木；第四天造了日月星辰；第五天造了水里的鱼和空中的飞鸟；第六天造了地上的牲畜、昆虫、野兽，并且照着自己的样子造了人。可是，什么叫"照着自己的样子"？由此我们不难受到启发，我们也经常会说：人像"样子"，或者不像"样子"，人有"人味"，或没有"人味"。可见，倘若我们能够活得有"样子"，有"人味"而且又能够在形式中把它呈现出来，无疑也就正是"我审美故我在"。再联想一下：人为什么要照镜子？为什么要找对象？黑格尔也曾经好奇：人为什么喜欢看投石头入河的涟漪？还有，儿童们为什么喜欢玩泥巴、堆沙子、捏面团？其实，也都是"我审美故我在"。至于真虾不是艺术，齐白石的虾却是艺术，以及打仗不是艺术，京剧的武打却是艺术，也只能从"我审美故我在"来加以解释。因此，克罗齐才会说："正是一种独特的形式，使诗人成为诗人。"

进而，怎样才能"把人的世界和人的关系还给人自己"？怎样才能"获得""人的自我意识和自我感觉"？马克思剖析说，或者是"还没有获得自己"——"或是再度丧失了自己"，那么，马克思所谓的"获得"又会如何？在我看来，这"获得"可以是通过自我设计而完成的自我认识，也可以是通过自我调节而完成的自我完善，但是，也可以是自我欣赏而完成的自我表现。"我审美故我在"，就是自我欣赏，也是自我表现。它的前提是：自己的生命本身转而成为对象（动物的机体反应——自我感觉与对象感觉——无法被当作自我、当作对象）。不是借助于神性，也不是借助于理性，而是借助于情感来建构世界、理解世界，让自我被对象化，让世界成为生命的象征。于是，世界，"一方面作为自然科学的对象，一方面作为艺术的对象"，成为"人的意识的一部分"，成为"人的精神的无机界"。①而且，世界一旦成为人类的精神现象时，也就不再以现实的必然性制约人。在这个意义上，我们可以说：美是以"对象的方式现身的人"；我们也可以说：美是"自我"在作品中的直接出场。

遗憾的是，我们过去对"我审美故我在"关注不够，也始终未能敏捷意识到其中所蕴含的美学的全部秘密。以至于苏珊·朗格要告诫我们说："哲学家必须懂得艺术，也就是，'内行地'懂。"因为仅仅客观地理解人的存在还是不够的，还亟待"主观地"理解、"内在地"理解。因此，歌德的一个提示就非常值得注意。前面我已经说过，1985年的时候，歌德的一句话对我影响很大。其实，后来歌德的另外一句话同样也对我影响很大。他指出："直到今天，还没有人能够发现诗的基本原则，它是太属于精神世界了，太飘渺了。"②我们只要把"诗的基本原

---

① 中共中央马克思恩格斯列宁斯大林著作编译局编译：《马克思恩格斯全集》（第42卷），人民出版社1979年版，第95页。

② ［德］歌德：《歌德自传：诗与真》，刘思慕译，人民文学出版社1983年版，第445页。

则"理解为美的基本原则,一切也就清楚了。歌德还提示过:
"文艺作品的题材是人人可以看见的,内容意义经过一番努力才
能把握,至于形式对大多数人是一个秘密。"①这其实都是对形
式的生命与生命的形式的重要提示,也都是对于"我审美故我
在"的重要提示。因此,正如同我经常说的那两句话:重要的不
是"美学的问题",而是"美学问题";重要的不是"内容",
而是"形式"。审美与艺术是精神对于世界的创造。如前所述,
要解释物理的世界、动物的世界,那无疑应该是存在决定现象,
但是,要阐释人类的世界,那就一定是意识"创造"存在。人之
为人,一旦失去了这种精神的创造,也就失去了人的本性。这
个本性,就是在形式中存在以及存在于形式中的本体存在,也是
"我审美故我在"的本体存在。

最后,美学还要走出审美活动是实践活动的附属品、奢
侈品的误区,走向审美活动是生命活动的必然与必需的转换。

前面的三个转换,最后必然走向新的转换:审美活动是
生命活动的必然和必需。

确实,一首诗、一部小说从来就没有阻止过一次劫机或
一次绑架,但是陀思妥耶夫斯基却仍然坚持说:"世界将由

---

① 转引自宗白华在1961年11月《光明日报》编辑部召开的"艺术形式美"
座谈会上的发言摘要,原载1962年1月8日、9日《光明日报》。

美拯救。"其实，他是有道理的。实践美学喜欢说"劳动最光荣"，可是如果我通知你说，你一辈子都不用劳动了，那么，你还劳动不劳动？这个问题，只要凭良心回答，答案不难想见。当然，我没有贬低"劳动"的意思，因为它也十分重要。但是，生命活动的最终完成，也确实是在劳动之外完成的。因为在未能到达"理想王国"之前，这个"完成"只能是在象征的意义上。因此，人类也就必然是为美而生，向美而在的。

这样一来，实践美学过于抬高实践，也过于贬低审美与艺术的缺憾就被暴露了出来。在实践美学，审美与艺术只是实践活动的奢侈品、附属品，或者是神性的奢侈品、附属品，或者是理性的奢侈品、附属品，总之"皮之不存，毛将焉附"，都是衍生性质的。当然，这并不正确。因为审美与艺术并不是实践活动的奢侈品、附属品，而是生命活动的必然与必需。因为审美活动并不在生命活动之外，生命即审美，审美即生命。它们彼此之间一而二、二而一，是一体的两面。

具体来说，审美与艺术作为生命活动的必然与必需，一方面可以从"因生命，而审美"中看到，另一方面也可以从"因审美，而生命"中看到。

"因生命，而审美"指的是人类的生命活动必然走向审美活动，审美活动是生命的理想本质的享受，可以简称为：生命的享受。它是从生命活动的角度看审美活动，涉及的是人类的特定需要，所谓"人类为什么需要审美"，直面的困惑是："人类为什么需要审美活动""人类究竟是怎样创造了审美活动""审美活动从何处来"。

在人的生命活动中，存在着一种超越性的生命活动，它是最适合人类天性的生命活动类型，也是生命的最高存在方式，然而又是一种理想性的生命活动方式，一种在现实中无法加以实现的生命活动方式。理想本性、第一需要是它的逻辑规定，也是对它的抽象理解；自由个性则是它的历史形态，也是对它的具体阐释。在理想社会，它是一种现实活动；而在现实社会，它却是一种理想活动。审美活动，正是这样一种人类现实社会中的理想活动，也是一种超越性的生命活动。

这是因为，尽管实践活动、理论活动和审美活动这三种基本的活动类型都同样是着眼于自由的实现，但是又有所不同。实践活动是人类生命活动的自由的基础的实现。它以改造世界为中介，体现了人的合目的性（对于内在"必需"）的需求，是意志的自由的实现。它并非物质活动，折射的是人的一种实用态度。而且，就实践活动与工具的关系而言，它是运用工具改造世界；就实践活动与客体的关系而言，是主体对客体的占有；就实践活动与世界的关系而言，是改造与被改造的可意向关系。不言而喻，在实践活动的领域，人类最终所能实现的只能是一种人类能力的有限发展、一种有限的自由。至于全面的自由则根本无从谈起，因为人类无法摆脱自然必然性的制约——也实在没有必要摆脱，旧的自然必然性扬弃之日，即新的更为广阔的自然必然性出现之时，人所需要做的只是使自己的活动在尽可能更合理的条件下进行。正如马克思所说："不管怎样，这个领域始终是一个必然王国。"①

理论活动是人类生命活动的手段的实现。它以把握世界为中介，体现了人的合规律性（对于"外在目的"）的需要，是认识自由的实现。它并非精神活动，折射的是人的一种理论态度。而且，就理论活动与工具的关系而言，它是运用工具反映世界；就理论活动与客体的关系而言，是主体对客体的抽象；就理论活动与世界的关系而言，是反映与被反映的可认知关系。不难看出，理论活动是对于实践活动的一种超越。它超越了直接的内在"必需"，也超越了实践活动的实用态度。理论家往往轻视实践活动，也从反面说明了这一点。但实现的仍然是片面的自由。

而且，实践活动是文明与自然的矛盾的实际解决，是基础；理论活动是文明与自然的矛盾的理论解决，是手段。但是，由于它们都无法克服手段与目的的外在性、活动的有限性

---

① 中共中央马克思恩格斯列宁斯大林著作编译局编译：《马克思恩格斯全集》（第25卷），人民出版社1974年版，第927页。

与人类理想的无限性的矛盾，因此矛盾就永远无法解决。所以，就还要有一种生命活动的类型，去象征性地解决文明与自然的矛盾。这，就是审美活动的出现。

审美活动是文明与自然的矛盾的象征解决。它以理想的象征性的实现为中介，体现了人对合目的性与合规律性这两者的超越的需要，是情感自由的实现。它以实践活动、理论活动为基础，但同时又是对它们的超越。它既不服从内在"必需"，也不服从"外在目的"；既不实际地改造现实世界，也不冷静地理解现实世界；而是从理想性出发，构筑一个虚拟的世界，以作为实践世界与理论世界所无法实现的那些缺憾的弥补。实践活动建构的是与现实世界的否定关系，是自由的基础的实现；理论活动建构的是与现实世界的肯定关系，是自由的手段的实现；审美活动建构的则是与现实世界的否定之否定关系，是自由的理想的实现。换言之，由于主客体在审美活动中的矛盾是主客体矛盾的最后表现，故审美活动只能产生于理论活动与实践活动的基础之上。必须注意的是，三者既是并列的关系，也是递进的关系，但绝不是包含关系。审美活动是对于人类最高目的的一种"理想"的实现。通过它，人类得以借助否定的方式弥补了实践活动和科学活动的有限性。假如实践活动与理论活动是"想象某种真实的东西"，审美活动则是"真实地想象某种东西"；假如实践活动与理论活动是对无限的追求，审美活动则是无限的追求。在其中，人的现实性与理想性直接照面，有限性与无限性直接照面，自我分裂与自我救赎直接照面。由此，马克思说的"真正物质生产的彼岸"或许就是审美活动之所在。而且，就审美活动与工具的关系而言，它是运用工具想象世界；就审美活动与客体的关系而言，是主体对客体的超越；[①]就审美活动与世界的关系而言，是想象与被想象的可移情关系。因此，假如实践活动与理论活动是一种现实活动，审美活动则是一种理想活动，在审美活动中折射的是人的一种终极关怀的理想态度。

事实也确实如此，假如从不"唯"实践活动的人类生命活动原则出发，那么应当承认，审美活动无法等同于实践活动（尽管它与实践活动之间存在着彼此交融、渗透的一面），它是一种超越性的生命活动。具体来说，人类形形色色的生命活动，多数是以服膺于生命的有限性为特征的现实活动。例如，向善的实践活动、求真的科学活动，它们都无法克服手段与目的的外在性、活动的有限性与人类理想的无限性的矛盾，只有审美活动是以超越生命的有限性为特征的理想活动（当然，宽

---

① 假如再作一下比较，则可以说：实践活动是实际地面对客体、改造客体，理论活动是逻辑地面对客体、再现客体，审美活动是象征地面对客体、超越客体。值得注意的是，范登堡指出：有三个领域能够把人类文化的自我投射推向极端，达到文化上的超越，它们是场景、内在的自我、他人的一瞥，不难看出，这三者正是审美活动的内容。

泛地说，还可以加上宗教活动）。审美活动以求真、向善等生命活动为基础，但同时又是对它们的超越。在人类的生命活动之中，只有审美活动成功地消除了生命活动中的有限性——当然只是象征性地消除。作为超越活动，审美活动是对于人类最高目的的一种"理想"实现。通过它，人类得以借助否定的方式弥补了实践活动和科学活动的有限性，使自己在其他生命活动中未能得到发展的能力而得到"理想"的发展，也使自己的生存活动有可能在某种意义上构成一种完整性。

需要强调，在这里，审美活动的超越性质至关重要。审美活动之所以成为审美活动，并不是因为它成功地把人类的本质力量对象化在对象身上，而是因为它"理想"地实现了人类的自由本性。阿·尼·列昂捷夫指出：最初，人类的生命活动"无疑是开始于人为了满足自己在最基本的活体的需要而有所行动，但是往后这种关系就倒过来了，人为了有所行动而满足自己的活体的需要"①。这就是说，只有人能够，也只有人必须以理想本性的对象性运用——活动作为第一需要。人在什么层次上超出了物质需要（有限性），也就在什么程度上实现了真正的需要，超出的层次越高，真正需要的实现程度也就越

----

① ［苏联］阿·尼·列昂捷夫：《活动·意识·个性》，李沂等译，上海译文出版社1980年版，第144页。马克思也曾指出人所具有的"为活动而活动""享受活动过程""自由地实现自由"的本性，参见我的论著与论文。

高，一旦人的活动本身成为目的，人的真正需要也就最终得到了全面实现。这一点，在理想的社会（事实上不可能出现，只是一种虚拟的价值参照），可以现实地实现；在现实的社会，则只能"理想"地实现。而审美活动作为理想社会的现实活动和现实社会的"理想"活动，也就必然成为人类"最高"的生命方式。当然，这也就是说，"因生命，而审美"，生命之为生命，从生命活动走向审美活动，因此也就是必然的归宿。这就正如安简·查特吉所发现的："将艺术看作本能或演化副产品的观点都不能令人满意。"[①]也就正如维戈茨基所发现的："艺术是在生活最紧张、最重要的关头使人和世界保持平衡的一种方法。这从根本上驳斥了艺术是点缀的观点。"[②]至于结论，则无疑应当是："人类经过演化，对美的对象产生反应，因为这些反应对生存有用。""我们觉得美的地方正是能够提高人类祖先生存机会的地方。"[③]

"因审美，而生命"，指的则是审美活动必然走向生命活动，审美活动是生命的理想本质的生成，可以简称为：生

---

①　［美］安简·查特吉：《审美的脑——从演化角度阐释人类对美与艺术的追求》，林旭文译，浙江大学出版社2016年版，第6页。

②　［苏联］维戈茨基：《艺术心理学》，周新译，上海文艺出版社1985年版，第346页。

③　［美］安简·查特吉：《审美的脑——从演化角度阐释人类对美与艺术的追求》，林旭文译，浙江大学出版社2016年版，第71页。

命的生成。它是从审美活动的角度看生命活动，涉及的是人类的特定功能。所谓"审美活动为什么满足人类生命活动的需要"，直面的困惑是："审美活动向何处去""审美活动为什么能够满足人类""审美活动如何创造了人类自己"。

在这方面，实践美学的"悦心悦意"之类的阐释，实在是很肤浅、很苍白，"以美启真、以美储善"之类，更是毫无道理。审美不是工具，艺术也不是婢女。如此来加以贬低排斥，根本无视它在推动、调控人类自身行为方面的独立作用，是根本说不过去的。毕竟，审美活动并非实践活动的副产品，也并非无关宏旨。在生命的存在中，审美活动有其自身存在的理由，也是完全理直气壮的，无须像实践美学宣扬的那样像小媳妇一样地委身依附于物质实践。因此，重要的是要看到它在推动、调控人类自身行为方面的独立作用。人类是"因审美，而生命"，在审美活动中自己把握自己、自己成为自己、自己生成自己。

换言之，犹如直立的人、宗教的人、理性的人、实践的人都是人类生命进化的必然，审美的人，也是人类生命进化的必然。审美活动，不仅仅来自文化生命的塑造，也来自动物生命的"生物的"或"自然的"进化，是被进化出来的人类生命的必不可少的组成部分。审美的人，在生命的进化之树上至关重要。因为，生命的进化，首先当然是自然选择，但同时不可或缺的，则是审美选择。审美被进化出来，就代表着人类生命的优化；倘若没有被进化出来，则意味着人类生命的"劣化"。因而，犹如自然选择的"用进废退"，在人类生命的审美选择中，同样也是"美进劣退"，美者的生命优存，不美者的生命也就相应丧失了存在的机遇，并且会逐渐自我泯灭。因此，审美的人不但代表着"进化"的人，而且还更代表着"优化"的人。

当然，审美活动也就因此而不可能只是我们过去所肤浅理解的"无功利性"的问题，而应该是生命进化中的某种自鼓励、自反馈、自组织、自协同的生命机制。它意味着：生命之为生命必然会是一种目的行为，也必然存在着目的取向。然而，这"目的"是如此难以把握，尤其是有诸多的选择都对于个体而言还有害无益，但是对于全体而言却是有益无害；或者，有诸多的选择都对于个体而言尽管有利无害，但是对于全体而言却是有害无益，置身其中，即便是借助于理性甚至是高度发展的理性也仍旧是无法予以取舍。于是，作为某种自鼓励、自反馈、自组织、自协同的生命机制，它的必然导向目的的反馈调节就尤为重要。因为，具有意识能力的人类可以把目的主观化，更善于驱动着目的转而成为随后的行为，并且使之不致溢出必然导向的目的。

由此，不难联想，何以诗性思维要早出于抽象思维。我们如果不是从机械工业社会中所形成的类似电机、齿轮、转轴、驱动轮、传送带之间啮合传递的单向因果联系的旧式思维切入，应该就不难意识到：在诗性思维的背后，一定存在着一种逐渐形成着的重大的生命反馈调节机制。从动物祖先到早期人类，自然界的伟大创造一定在寻觅着潜在的生命机制指向未来的运行方向的校正方式。"自然界生成为人"，就是要"生成"这一生命反馈调节机制。而所谓的脱离动物界，也无非是指这一生命反馈调节机制从完全不自觉到较为自觉再到基本自觉。而且，这一点在人类的身上又体现得最为突出。这就正如普列汉诺夫所指出的："需要是母亲。"客观的需要，迅即就会变为人类的主观努力。这是因为，就人类的生命机制而言，倘若没有内在的调节机制推动着他遥遥趋向于目的，那么在行为上也就很难出现相应的坚定追求。然而世界本身却不会主动趋近于人、服务于人，长此以往，生命难免就会颓废、衰竭乃至一蹶不振，甚至退出历史舞台。因此，随着意识能力的觉醒，在把客观目的变成主观意识、把生命发展的客观目的变成人类自我的主观追求的变客观需要为主观反映的过程中，人类无疑是最善于敏捷地将生命进化中的必然性掌控于自己手中的。

因此，马克思说："人也按照美的规律来塑造物体。"其实也就是在提示我们：人类内含着把客观目的主观化的自鼓励、自反馈、自组织、自协同的生命机制，因而可以去主动地确证着生命，也完满着生命，享受着生命，更丰富着生命……倘若不存在潜在地指向某一目的的自鼓励、自反馈、自组织、自协同的生命机制，难道生命的进化是可以想象的吗？在进化过程中大自然对于所有的动物的要求竟然是如此苛刻——甚至苛刻到精确到小数点后面的很多很多位的地步。在这方面，不要说人类这样一种高级的生命系统了，即便是最简单的有机生命，也一定会进化出一种生命机制，一定存在自鼓励、自反馈、自组织、自协同，而且也一定是指向一定的目的的。不过，这"目的"不是一个主观范畴，也未必一定要被意识到。它是一个客观范畴，是生命进化在置身于残酷无情的自然选择之时借助反馈调节而必然导向的目的。而且，这种自鼓励、自反馈、自组织、自协同的生命机制其实也并不神秘，借助今天的思想水准，也已经不难予以解释。"物竞天择，适者生存"，但是，却并没有"上帝"预先为我们谋划，也并非自身在冥冥中自我谋划，人类只是在盲目、随机中借助自我鼓励、自我协调的生命机制为生命导航。否则，或者并非真实的生命，或者是已经被淘汰了的生命。至于这是一个有意识能力的自鼓励、自反馈、自组织、自协同的生命机制还是一个无意识能力的自鼓励、自反馈、自组织、自协同的生命机制却并不重要，因为，它仍旧已经是生命。

这也许正是"爱美之心，人皆有之"的深意之所在。纵观东西南北，在世界的每一个角落，我们至今也都没有发现一个不追求美、不爱艺术的民族，尽管其意识觉醒程度各自高低不同，这意味着：审美活动犹如阳光、空气和水，不但并非偶然产生，也并非可有可无，而是人类须臾不可或缺的。而且，它也不是实践活动的副产品，不是实践活动的消极结果。在把客观目的主观化的过程中，在自鼓励、自反馈、自组织、自协同的生命机制里，它起着最为重要而且也无可替代的积极作用。而且，因为它是无法完全意识到的，因此才是"非功利性"的。因为它又是把人类生命中的客观目的转换为主观的情感追求的，因此，才又秉承着"主观的普遍性"。

由此，只要我们不要像实践美学那样从人类的角度忽视了"自然界生成为人"、从个人的角度忽视了审美是生命的必然，只要我们去毅然直面这个"生成"与"必然"，就不难揭开审美之谜。如同历史上频繁出现的那些实体中心主义者一样，如果死死抓住"实践"要素不放，那就像盲人摸象的时候死死抓住的一条大象腿一样。其实，这充其量也只是审美活动作为生命机制的系统中的一端，但是却被错误地始终固执认定这就是全部，并且由此出发去解释审美之谜。然而，在简单的、直线的、单向的因果关系里，审美之谜却悄然而逝。

其实，审美活动关乎"自然界生成为人"中的"生成"。因此，生命诚可贵，审美价更高。审美活动作为一种特定的生命自鼓励、自反馈、自组织、自协同的机制，它的存在就是为生命导航。人类在用审美活动肯定着某些东西，也在用审美活动否定着某些东西，从而激励人类在进化过程中去冒险、创新、牺牲、奉献，去追求在人类生活里从根本而言有益于进化的东西。因此，关于审美活动，我们可以用一个最为简单的表述来把它讲清楚：凡是为人类的"无目的的合目的性"所乐于接受的、乐于接近的、乐于欣赏的，就是人类的审美活动所肯定的；凡是为人类的"无目的的合目的性"所不乐于接受的、不乐于接近的、不乐于欣赏的，就是人类的审美活动所否定的。伴随着生命机制的诞生而诞生的审美活动的内在根据在这里，在生命机制的巨系统里审美活动得以存身而且永不泯灭的巨大价值也在这里。

维戈茨基说："没有新艺术便没有新人"，"艺术在重新铸造人的过程中""将会说出很有分量的和决定性的话来"。[1]尼采说："没有诗，人就什么都不是，有了诗，人就几乎成了上帝。"[2]不能不说，他们说的很有道理。

五、思的任务：生命美学作为未来哲学

由上所述，现在还回到一开始就在讨论的从"康德以

[1]　［苏联］维戈茨基：《艺术心理学》，周新译，上海文艺出版社1985年版，第346页。

[2]　［苏联］维戈茨基：《艺术心理学》，周新译，上海文艺出版社1985年版，第327页。

后"到"尼采以后"，还回到"美学的终结与思的任务"。现在应该已经不难发现：美学其实确实并不如人们所想象的，作为美学学科的美学，作为美学教研室的教授们所教的美学，其实也根本不在现代社会的视野之内。康德、谢林、叔本华、尼采、海德格尔、阿多诺、马尔库塞等思想大家、哲学大师们眼中的美学，俨然更多的只是一个问题、一条道路。这一点，在伊格尔顿《美学意识形态》中其实已经有所提示："美学对占统治地位的意识形态形式提出了异常强有力的挑战，并提供了新的选择。""本书倒是试图在美学范畴内找到一条通向现代欧洲思想某些中心问题的道路，以便从那个特定的角度出发，弄清更大范围内的社会、政治、伦理问题。"①而且，佩尔尼奥拉在《当代美学》中也同样有所提示：西方当代美学"将美学的根基扎在了四个具有本质意义的概念领域中，即生命、形式、知识和行为"。前两个是康德美学的发展，后两个是黑格尔美学的发展。而其中的"生命美学获得了政治性意义"，并且，"已悄然出现并活跃于生命政治学"之中。

也因此，福柯当年的感叹无疑是十分深刻的："假如我能早一点了解法兰克福学派，或者及时了解的话，我就能省却

_____

① ［英］伊格尔顿：《美学意识形态》，王杰等译，广西师范大学出版社1997年版，第3、1页。

许多工作，不说许多傻话，在我稳步前进时会少走许多弯路，因为道路已经被法兰克福学派打开了。"何谓"道路已经被法兰克福学派打开了"？显然正是指从"康德以后"到"尼采以后"的西方美学的成功探索。它昭示着康德、谢林、叔本华、尼采、海德格尔、阿多诺、马尔库塞等众多真正震撼了世界的大哲们的目光究竟在关注什么。遗憾的是，当下的美学研究大多都没有延续这一思想线索。当然，这些美学研究者都是一些美学教研室的教授，在他们看来，也许根本就无须延续。

然而，在生命美学看来，如何延续他们思路，却正是"美学终结"之后的"思的任务"。

因此，生命美学不应该是美学，而应该是"思"。它应该是"美学的终结"①，也应该是"思的任务"的开启。

原来，美学的意义在美学之外。"形而上学的任务既不是在我们面前的现实中加入某些思考的东西，也不是用各种概念来构成现实，而是试图在自身中把握、显示和激发现实对我们而言所包含的最深刻的生命力。"②因此，美学家应该关心

---

① 因此，我们才看到，在新时期的中国美学中，不但存在从"去实践化""弱实践化"与"泛实践化"到"去本质化""弱本质化"与"泛本质化"的过程，而且还存在"去本质化""弱本质化"与"泛本质化"到"去美学化""弱美学化"与"泛美学化"的过程。这意味着：美学的终结。

② ［德］奥伊肯：《新人生哲学要义》，张源等译，中国城市出版社2002年版，第160页。

那些能够被称为美学的东西，而不是那些只是声称为美学的东西，应该关心怎样去正确地说一句话而不仅仅是怎样说十句正确的话，因为好的美学与坏的美学之间的区别恰恰在于能否正确地说话，美学与非美学之间、美学与伪美学之间的区别恰恰也在于能否正确地说话。我在1991年的时候说过：美学，应该是"以探索生命的存在与超越为旨归的美学"，它"追问的是审美活动与人类生存方式即生命的存在与超越如何可能这一根本问题"。①遗憾的是，这些苦口良言至今也很少为人们所理解。其实，从那个时候开始，我要说的就是：传统的美学学科并不重要，重要的是审美与艺术问题。在被置身于"以审美促信仰"以及阻击作为元问题的虚无主义这样一个舞台中心之后，审美与艺术，也就成为一个问题。

在这里，重要的是"思索它们"，而不是"研究它们"②；是"谈论它们"，而不是"言说它们"③。这当然已经不是传统意义上的美学。后者，按照巴赫金的界定，"关注

---

① 潘知常：《生命美学》，河南人民出版社1991年版，第13页。

② ［美］格鲁秀斯：《帕斯卡尔》，江绪林译，中华书局2003年版，第31页。

③ ［奥地利］维特根斯坦：《战时笔记（1914—1917）》，韩林合译，商务印书馆2005年版，第164页。

的是审美客体是用什么形式什么材料创造出来的"[①]。或者，按照雅格布森的总结："目的首先就是要回答这样一个问题：是什么使包含信息的字句变成了一件艺术品的？"[②]对此，海德格尔早就挑明："这绝不是说对艺术家的活动应该从手工艺方面来了解。"[③]波普尔更是警示说："那些伟大的哲学家并不肩负着美学追求，他们并不想当构筑体系的建筑师。"[④]

因此，我们倒不妨倾听一下埃克伯特·法阿斯的告诫："艺术本身最终已经被一种非自然化的艺术理论毒害了，那种理论是由柏拉图、经过奥古斯丁、康德和黑格尔直到今天的哲学家们提出来的。"幸而，"只有尼采作为一种仍然有待阐述的新美学提供了一个总体的框架，事实上这个总体框架正通过当代科学家以及像我自己一样得益于他们的发现的批评家们的努力而出现"[⑤]。

---

① ［俄］塔马尔钦科：《关于"俄罗斯当代文艺理论与中国文论研究"的对话》，《中华读书报》2004年10月27日第19版。

② ［法］达维德·方丹：《诗学——文学形式通论》，陈静译，天津人民出版社2003年版，第5页。

③ ［德］海德格尔：《林中路》，孙周兴译，上海译文出版社1997年，第42—43页。

④ ［英］波普尔：《通过知识获得解放》，李本正等译，中国美术学院出版社1998年版，第395页。

⑤ ［加拿大］埃克伯特·法阿斯：《美学谱系学》，阎嘉译，商务印书馆2011年版，第25、34页。

在历史上，美学从未属于过自己，它曾经属于诗学，属于艺术哲学，属于科学，属于神学……而今，借助尼采的提示，我们终于发现：对于美学的关注，不应该是出于对审美奥秘的兴趣，而应该是出于对人类解放的兴趣，对于人文关怀的兴趣。借助审美的思考进而去启蒙人性，是美学责无旁贷的使命，也是美学理所应当的价值承诺。

结论就是这样：美学要以"人的尊严"去解构"上帝的尊严""理性的尊严"。过去是以"神性"的名义为人性启蒙开路，或者是以"理性"的名义为人性启蒙开路，现在，却是要以"美"的名义为人性启蒙开路。这样，关于审美、关于艺术的思考就一定要转型为关于人的思考。美学只能是借美思人，借船出海，借题发挥。美学其实是一个通向人的世界、洞悉人性奥秘、澄清生命困惑、寻觅生命意义的最佳通道。

这意味着，一方面，只有"具有充分的存在力量而向前进的人""保持自己完整性的人""具有本体论意义上的不满的人""能够把存在的一切各方面都推向前进"的人，才会有完整的力量。因此，知识分子只信仰基督教等宗教，却不去信仰"信仰"，是失败的。[1]也因此，无疑就必然走向"以审美促信

---

① ［美］保罗·蒂里希：《政治期望》，徐钧尧译，四川人民出版社1989年版，第136—137页。

仰"，走向美学；另一方面，虚无主义已经不但是"访客"，而且还已经是"常客"。"人类正在成为一个娱乐至死的物种。"①这样，要阻击作为元问题的虚无主义，就还亟待走向美学。萨义德说："知识分子是具有能力'向（to）'公众以及'为（for）'公众来代表、具现、表明讯息、观点、态度、哲学或意见的个人。"在这里，无论是"向"（to）还是"为"（for），都标明了知识分子的及物性，或者说对于现世进行反思与批判的能力。显然，因此也就还亟待走向美学。因为美学具备了"向"或"为"公众说话的能力和愿望，可以成功地避免及物性的丧失，避免直面并进而解剖现世的能力的丧失。美学，因此而进入了当代思想的最前线。当然，在这个意义上，美学也已经成为未来的哲学。②

利奥塔说得不错："恋爱中的人没有一个参加哲学家的宴会"。"可是，谁又敢说，对生命做出理论性的思考不也是

① ［美］波兹曼：《娱乐至死》，章艳译，广西师范大学出版社2004年版，第131页。

② 因此，生命美学涉及的当然不是启蒙现代性，但却是审美现代性。现代性其实就是文明的教化。康德把它概括为"一切事情上都有公开运用自己理性的自由"。鲁迅说得更好："东方发白，人类向各民族所要的是人。"其中，启蒙现代性侧重的是现代性的建构，关注的是现代性的现实层面以及工具理性和科学精神。审美现代性侧重的是现代性的反省，关注的是现代性的超越层面，是对工具理性和科学精神的反思，对理性的批判。所以，审美现代性一定是走向生命的。因此，关注审美现代性的美学也就一定是生命美学。

生活，或许还是更丰盛的生活？"①

　　还是尼采最富有先见之明："即使人们闲置所有美（哲）学教席，我也不认为人类会停止美（哲）学的思考。"②

　　当然不会，因为，人类恰恰因此才真正开始了"美（哲）学的思考"。③

---

① ［西］加塞尔：《什么是哲学》，商梓书等译，商务印书馆1994年版，第69页。

② ［德］尼采：《哲学与真理》，田立年译，上海社会科学院出版社1993年版，第146页。

③ 而且，这道路海德格尔早就已经阐明："唯凭借对尼采当作伟大风格来思考和要求的东西的展望，我们才达到了他的'美学'的顶峰，而在那里，他的'美学'根本就不再是一种美学了。"然而，尼采无疑做得还十分不够："尼采美学的问题提法推进到了自身的极端边界处，从而已经冲破了自己。但美学决没有得到克服，因为要克服美学，就需要我们的此在和认识的一种更为原始的转变，而尼采只是间接地通过他的整个形而上学思想为这种转变做了准备。"在他那里，"最艰难的思想只是变得更为艰难了，观察的顶峰也还没有被登上过，也许说到底还根本未被发现呢。""只是达到了这个问题的门槛边缘，尚未进入问题本身中。"（［德］海德格尔：《尼采》上卷，孙周兴译，商务印书馆2010年版，第155、22、22页）

第三章　超越美学的美学

一、关于我的"生命美学三书"

从1985年到2023年，三十八年的岁月，我关于生命美学的研究可以分为"美学问题"与"美学的问题"这两个部分。用人们常说的"做正确的事与正确地做事"做个类比，"美学问题"类似于"做正确的事"，"美学的问题"则类似于"正确地做事"。

其中的基本思考，则主要体现在最近几年我所出版的"生命美学三书"之中。这"生命美学三书"包括：《信仰建构中的审美救赎》（人民出版社2019年版）、《走向生命美学——后美学时代的美学建构》（中国社会科学出版社2021年版）以及《我审美故我在——生命美学论纲》（中国社会科学出版社2023年出版）。

《信仰建构中的审美救赎》《走向生命美学——后美学

时代的美学建构》针对的是关于"美学问题"的研究。其中包括对于两个问题的思考，我称之为百年中国美学的两个"哥德巴赫猜想"。一个是百年中国美学的第一美学命题："以美育代宗教"。为此，借助与蔡元培先生对话的方式，我写了一本55万字的专著《信仰建构中的审美救赎》，还有一个是百年中国美学的第一美学问题："生命/信仰"。为此，借助与李泽厚先生对话的方式，我写了一本71.9万字的专著《走向生命美学——后美学时代的美学建构》。

美育问题，是20世纪中国美学与艺术学最关注的问题之一，换言之，美育问题在20世纪始终是一个前沿问题，百年前蔡元培先生提出"以美育代宗教"，堪称20世纪中国美学的第一美学命题。近年习近平总书记也曾专门就此问题给中央美术学院8位老教授回信，就做好美育工作、弘扬中华美育精神提出殷切期望。因此，回顾中国百年来关于美育问题的思考，以55万字专著的方式回应蔡元培先生提出的"以美育代宗教"问题，对于"做好美育工作""弘扬中华美育精神"意义重大。并且，国内对于美育问题的研究也在不断深入。但是，它也是在中国始终都聚讼纷纭的问题。加之"美育"被列入了教育方针，因此也就更为引人注目。而且，从西方康德的"美学革命"（审美王国），到尼采、海德格尔、法兰克福学派的"革命美学"（审美乌托邦），再到福柯的"生命美学"（审美异托邦），它们对于审美与艺术的作用的高度关注，也期待着中国美学的参与与对话。

《信仰建构中的审美救赎》的基本观点是：美育的重要意义不在于代替宗教，而在于"以美育促信仰"！即：在"宗教弱化"的"无宗教而信仰"的时代，亟待以审美与艺术去促进信仰的建构。

该书分为导言与五章。导言中指出蔡元培先生提出的"以美育代宗教"是一个针对世界性虚无主义的"中国方案"，与尼采、海德格尔以及法兰克福学派的"西方方案"遥相呼应。第一章进而考察西方现代化历程，认为信仰是终极关怀，也是立身之本，而宗教文化促进了信仰的建构，体现为"宗教强化"时的"因宗教而信仰"。第二章指出西方随着基督教的退场，审美与艺术的重要性得以大大弘扬，转而"因审美而信仰"。第三章论述了审美与宗教在信仰建构中都有着不可替代的重要作用，而在当代社会，"以审美促信仰"，则是必然选择。第四章指出中国的特色正是"宗教弱化"时的"无宗教而信仰"，恰恰在"因审美而信仰"的道路上做出了独到的探索。第五章在作者提出的"万物一体仁爱"的生命哲学以及情本境界论生命美学的基础上，正面回应蔡元培先生提出的"以美育代宗教"美学命题，认为不应该是"以美育代宗教"，而应该是"以信仰代宗教"和"以审美促信仰"，并且提出：在"宗教弱化"的背景下，应该以审美与艺术去直面世界性的虚无主义，去促进信仰的建构。

至于该书的研究方法，则可以表述为：美学研究与宗教学研究协同，框架预设与观念史解读结合，义理阐释与文本辨析兼顾，理论探索与个案视阈一体。从"大历史""大文化""大美学"的角度展开研究，是我在写作中对于研究方法的一个创新尝试。

简单而言，该书从"针对世界性虚无主义的中国方案"的角度重新为蔡元培先生的"以美育代宗教"定位，是对于原有理解的新突破，而且由此揭示了西方"因宗教而信仰"与中国"无宗教而信仰"的基本差异，以及中国的"因审美而信仰"的特殊路径，并且由此而提出了"以信仰代宗教"以及"以审美促信仰"的全新思考。同时，该书对于审美与艺术的对于人类虚无主义的重要"救赎"与"拯救"，以及审美与艺术在"宗教弱化"的时代背景下对于信仰建构的重要作用，也提出了自己的看法。

国内学界过去对于美育的看法往往是集中在艺术教育、情感教育或者人格教育之上，存在对于宗教（基督教）、信仰、审美、美育问题的误读。该书则从维护人类神圣不可侵犯的审美权利以及捍卫生命的尊严、弘扬生命的自由、激发生命的潜能、提升生命的品质角度为美育重新定位。同时，百年来，因为意识到灵魂旅程必须在宗教之外进行，学界提出过"以科学代宗教"（陈独秀）、"以伦理代宗教"（梁漱溟）、"以哲学代宗教"（冯友兰）、"以主义代宗教"（孙中山）、"以文学代宗教"（朱光潜）、"以艺术代宗教"（林凤眠）……这无疑并非偶然，因此，对于"以美育代宗教"的讨论，已经不仅仅是在谈论一个纯粹的美学问题，而且还是在孜孜以求现代文化的救赎方案，是要对人类生命本身的发展路向进行重新的谋划，因而也就已经从生命美学进而拓展为生命政治学与文化政治学的问题，理论价值重大。

《走向生命美学——后美学时代的美学建构》是关于美学基本理论建构的创新思考，并围绕"生命/实践"这一美学"哥德巴赫猜想"——百年中国美学的"第一美学问题"展开。鉴于生命美学是在与实践美学尤其与实践美学的领军人物李泽厚先生的长期就教、对话中逐渐成长起来的，因此该书也仍以就教、对话的方式入手并加以展开。①

在该书的开篇，我首先将生命美学与实践美学放进百年中国的美学历史，然后开创性地提出：应以审美现代性与启蒙现代性来划分两者之间的根本分歧。在该书的上篇，侧重与实践美学尤其是与实践美学的领军人物李泽厚先生的就教、对话，一共讨论了五个方面的基本分歧，并期冀在基本分歧的界定中能够把生命美学的特殊价值与理论贡献剥离出来。该书的中篇是侧重生命美学的自我思考，一共涉及了五个核心问题，关系到的都是三十多年来生命美学关于美学基本理论的基本思考，例如理论起点、研究对象、人学背景、当代取向、提问方式、理论谱系、何谓与何为等。该书的下篇则是关于生命美学与生活美学、身体美学、生态美学、环境美学等目前较为流行

---

① 九十高龄的美学大家李泽厚先生在美学新著《从美感两重性到情本体——李泽厚美学文录》的"前记"中声称："或将以此书告别兹世矣。"斯人而有斯言，闻之不免怆然！令人关注的是，新著中只有最后一篇《作为补充的杂谈》是在2019年新撰写的，无疑代表了李先生的最新也最迫切的思考。而且，美学界立即就注意到：其中还包含了对于"生态美学、生命美学、超越美学"三家的质疑。

包括这次在内，李泽厚先生一共公开批评过生命美学六次。当然，李先生批评生命美学，在某种意义上，其实也可以被生命美学看作自身之幸，因为以李先生地位之尊，生命美学能够被他关注，无疑正是对于生命美学的重大影响的肯定。不过，当然也有令人遗憾之处。公开批评生命美学，在李先生，这已经是第六次了，但是，与前面五次一样，这一次的批评给人的感觉仍旧是根本就没有认真看过生命美学的任何一部基本文献。

的部门美学之间同与不同的辨析。

该书立足作者提出的"万物一体仁爱"的生命哲学，坚持"生命视界""情感为本""境界取向"的情本境界论生命美学立场，坚持美学的奥秘在人—人的奥秘在生命—生命的奥秘在"生成为人"—"生成为人"的奥秘在"生成为"审美的人的基本思路，并且以"爱者优存"区别于实践美学的"适者生存"，以"自然界生成为人"区别于实践美学的"自然的人化"，以"我审美故我在"区别于实践美学的"我实践故我在"，以审美活动是生命活动的必然与必须区别于实践美学的以审美活动作为实践活动的附属品、奢侈品，从生命美学的生命视界、情感为本、境界取向等以及与生活美学、身体美学、生态美学、环境美学的异同等层面，做出了系统阐释。

总的来看，该书集中展示了生命美学从实践美学的立足于"启蒙现代性""实践""积淀""认识—真理""实践的唯物主义""自然人化""物的逻辑"的主体性立场转向立足于"审美现代性""生命""生成""情感—价值""实践的人道主义""自然界生成为人""人的逻辑"的主体间性立场的基本思考。并指出：生命美学从马克思《1844年经济学哲学手稿》美学构想出发，较之席勒、尼采、马尔库塞等西方生命美学侧重批判维度，它更注重建构维度；较之中国古代生命美学、中国现代生命美学，它完成了本体论转换。作为美学基本原理，生命美学则从只关注人类文学艺术的"小美学"，进而自我提升为关注人的解放的"大美学"。

该书秉持"从零到一"的创新态度，创新观点在长期思考中逐渐丰富、完善，学术问题链严谨并自成体系。例如："'生命/实践'"是百年中国美学的第一美学问题""百年中国美学是审美现代性与启蒙现代性的双重变奏""美学的超越主客关系的当代取向""美学的超越知识框架的提问方式""人是动物与文化的相乘、生命是基因＋文化的协同进化""审美活动是人类生命系统中的动力环节""审美活动是生命的享受也是生命的生成""美是生命的竞争力，美感是生命的创造力，审美力是生命的软实力""生命美学作为未来哲学"……而且，该书还以马克思主义历史唯物论为指导，贯彻理论和实践统一、逻辑和历史统一的方法论原则，以哲学思辨方法为主，从思维抽象上升到思维具体，同时综合运用包括心理学方法、社会学方法、历史学方法、系统论方法等多种方法，把宏观和微观、自上而下和自下而上，一元和多元有机地结合起来，力求多角度多方面多层次地揭示审美活动的奥秘。

总之，该书是对作为多年来一直居于当代美学学术前沿并且一直都是新时期涌现的美学新学说的主要代表之一的生命美学长期以来的艰难探索的系统总结，对当代中国美学学科的完善起着一定的推进作用。

不言而喻，上述百年中国美学的两个"哥德巴赫猜想"无疑十分重要。

首先，没有对于"以美育代宗教"这个百年中国美学的第一美学命题的讨论，就不可能意识到美学之亟待从关注文学艺术的"小美学"走向"超越文学艺术"的"大美学"、从美学家的美学走向哲学家的美学、从"作为学科"的问题走向"作为问题"的美学；其次，没有对于"生命/实践"这个百年中国美学的第一美学问题的讨论，也就不可能意识到美学之亟待从"启蒙现代性""实践""积淀""认识—真理""实践的唯物主义""自然人化""物的逻辑"的主体性立场转向"审美现代性""生命""生成""情感—价值""实践的人道主义""自然界生成为人""人的逻辑"的主体间性立场。

但是，这一切却又毕竟并非生命美学研究的结束。借用我们常说的话，作为"支援意识"的"何以"是非常重要的。它告诉我们，任何一个学者的研究工作其实都是非常主观的，而不是完全客观的。在一个学者全力思考的时候，"何以""主观"地在思考，很可能是为他所忽视不计的，然而，不论他忽视还是不忽视，这个"主观"都还是会自行发生着作用。因此，对学术研究中的主观属性不能不予以关注。这也就是说，在思考"美学问题"的时候，这个思考本身，也应该是美学的，所谓"美学"地思考美学。当然，它并不涉及怎样去思考，但是，它却会涉及应该去思考什么与不应该去思考什么。然而，美学研究毕竟还需要直面"美学的问题"、直面美学本身。这就正如马克思在其名作《路易·波拿巴的雾月十八日》中曾引用的一句古谚语所说的："这里就有玫瑰花，就在这里跳舞吧！"因此，也就必须还要转向研究工作中的"怎样"。于是，顺理成章地，也就有了第三本书、79.5万字的书——《我审美故我在——生命美学论纲》（中国社会科学出版社2023年出版）。当然，关于"美学的问题"我思考得比较早，也已经在1991年出版了《生命美学》（河南人民出版社）、1997年出版了《诗与思的对话——审美活动的本体论内涵及其现代阐释》（上海三联书店）、2012年出版了《美没有万万不能》（人民出版社），但是，关于这个问题的思考的阶段性的结束，应该是到这本书才真正实现了的。

而且，这一次已经不是在与蔡元培先生对话（《信仰建构中的审美救赎》），也不是在与李泽厚先生对话（《走向生命美学——后美学时代的美学建构》），而是在与自己对话："人之病，只知他人之说可疑，而不知己说之可疑。试以诘难他人者以自诘难，庶几自见得失。"[①]

1984的岁末，我曾经写下生命美学的第一篇文章：《美

---

① 黎靖德编：《朱子语类》（第1卷），岳麓书社1997年版，第167页。

学何处去》①。文章的最后说：

> 或许由于偏重感性、现实、人生的"过于入世的性格"，歌德对德国古典美学有着一种深刻的不满，他在临终前曾表示过自己的遗憾："在我们德国哲学，要作的大事还有两件。康德已经写了《纯粹理性批判》，这是一项极大的成就，但是还没有把一个圆圈画成，还有缺陷。现在还待写的是一部更有重要意义的感觉和人类知解力的批判。如果这项工作做得好，德国哲学就差不多了。"

> 我们应该深刻地回味这位老人的洞察。他是熟识并推誉康德《判断力批判》一书的，但却并未给以较高的历史评价。这是为什么？或许他不满意此书中过分浓烈的理性色彩？或许他瞩目于建立在现代文明基础上的马克思美学的诞生？没有人能够回答。

> 但无论如何，歌德已经有意无意地揭示了美学的历史道路。确实，这条道路经过马克思的彻底的美学改造，在二十一世纪，将成为人类文明的希望！

这其实就是我心目中的生命美学。

而且，同样还是在1984年，我还十分关注歌德的另外一

---

① 《美与当代人》（后易名为《美与时代》）1985年第1期。

句话："直到今天，还没有人能够发现诗的基本原则，它是太属于精神世界了，太飘渺了。"①

我愿意承认，我就是带着这样的梦想走向生命美学的研究道路的。

正如席勒所提示的："事物的被我们称为美的那种特性与自由在现象上是同一的。这一点还没有得到证明，这正是我们现在的任务。"②"恰好在这一点上整个问题超出了美，如果我们能够满意地解决这个问题，那么我们就能找到线索，它可以带领我们通过整座美学的迷宫。"③

众所周知，席勒期待的是为"审美世界物色"一部美学"法典"。④在他看来，"这是一项要用一个多世纪时间的任务"。⑤

而荷尔德林期待的，却是一部《审美教育新书简》。

---

① 转引自伍蠡甫主编的《西方文论选》，上海译文出版社1979年版，第445页。

② ［德］席勒：《美育书简》，徐恒醇译，中国文联出版公司1984年版，第155页。

③ ［德］席勒：《美育书简》，徐恒醇译，中国文联出版公司1984年版，第98页。

④ ［德］席勒：《席勒美学文集》，张玉能编译，人民出版社2011年版，第225页。

⑤ ［德］席勒：《席勒美学文集》，张玉能编译，人民出版社2011年版，第238页。

重要的问题是，毕竟还是要有人愿意去做。

这就是我的"生命美学三书"！整整200万字，从"美学问题"到"美学的问题"，全部的美学，在我看来，主要就是这样的两个问题。而今，我已经都交了答卷。或者，从《信仰建构中的审美救赎》到《走向生命美学——后美学时代的美学建构》，现在再到《我审美故我在——生命论纲》。三本书加三十八年，这几乎就是我全部的美学生命了。

子曰："后生可畏，焉知来者之不如今也？四十、五十而无闻焉，斯亦不足畏也已。"

我二十八岁的时候提出生命美学，算是"后生可畏"了？然而，会不会"四十、五十而无闻焉，斯亦不足畏也已"呢？我的"生命美学三书"就是回答！①

二、"析骨还父，析肉还母"

严羽曾经自陈："吾论诗，若哪吒太子析骨还父，析肉还母。"应该说，三十八年中，我所做的工作其实也就是"析骨还父，析肉还母"的工作。

---

①　从1982年到2022年，经过四十年的艰苦努力，我的生命美学研究工作已经基本结束。其中"潘知常生命美学系列"（十三卷，650万字）作为基础，"生命美学三书"（三卷，200万字）作为主体，《生命美学引论》（一卷，18万字）作为导读，一共十七卷，约900万字。由于字数比较多，希望了解生命美学的读者，不妨从本书开始。

其中值得注意的，首先是关于生命美学与马克思美学的关系。这有点出人意外，因为一般都认为生命美学与马克思的美学之间的内在因缘并不明显。然而，这种看法是完全错误的。我所提出的生命美学与马克思美学直接有关。具体来说，生命美学是从马克思的《1844年经济学哲学手稿》"接着讲"的。一般认为，马克思的《1844年经济学哲学手稿》尽管是以"人的解放"为核心，但是却也隐含着人文视界与科学视界、人文逻辑与科学逻辑亦即人道主义的马克思主义与唯物主义的马克思主义、人本主义的马克思主义与科学主义的马克思主义的不同指向。其中的后者，经过《德意志意识形态》乃至《资本论》，已经形成了马克思所谓的"唯一的科学，即历史科学"。可是，其中的前者却被暂时剥离了出来，也至今都亟待拓展。它意味着与"历史科学"彼此匹配的"价值科学"的建构。而且，犹如作为"历史科学"之最高成果的《资本论》的出现，而今也无疑期待着作为"价值科学"的最高成果的出现。换言之，生命美学并不直接与马克思的实践唯物主义历史观、政治经济学和科学社会主义相关，而是直接与前三者所无法取代的马克思的人学理论相关。人不仅仅是实践活动的结果，还是实践活动的前提。离开实践活动来研究人固然是不妥的，但是，离开人来研究实践活动也是不妥的。人是实践活动的主体，也是实践活动的目的，实践活动毕竟要通过人、中介于人。人的自觉如何，必然会影响实践活动本身。没有人就没有实践活动的进步，因此马克思指出："个人的充分发展又作为最大的生产力反作用于劳动生产力。"[①]何况，实践活动的进步又必然是对人的肯定。这就是所谓的"以人为本""人是目的"。因此，从实践活动对于人的满足程度来评价实践活动的进步与否，也是十分必要的。人，完全可以成为一个独立的研究对象。它所涉及的是：人性、人权、个性、异化、尊严、自由、幸福、解放，"我们现在假定人就是人""通过人而且为了人""作为人的人""人作为人的需要""人如何生产人""人的一切感觉和特性的彻底解放""人不仅通过思维，而且以全部感觉在对象世界中肯定自己"以及区别于"人的全面发展"的"个人的全面发展"……毫无疑问，在这条道路的延长线上，恰恰就是生命美学的应运而生。通过追问审美活动来维护人的生命、守望人的生命，弘扬人的生命的绝对尊严、绝对价值、绝对权利、绝对责任，正是生命美学的天命。令人遗憾的是，所谓实践美学却恰恰不在这条道路的延长线上。

因此，我始终强调，马克思的《巴黎手稿》，是生命美学的"真正诞生地和秘密"。《巴黎手稿》堪称生命美学的

---

① 转引自韩庆祥：《现实逻辑中的人——马克思的人学理论研究》，北京师范大学出版社2017年版，第44页。

启示录。它是生命美学的思想宝典，也是生命美学的美学圣经。当然，《巴黎手稿》中的美学宝藏确实琳琅满目，令人目不暇接。但是，其中的关键却根本不在"实践的唯物主义"，而在"实践的人道主义"。遗憾的是，由于《巴黎手稿》中的美学宝藏毕竟还只是"胚胎"与"基因"，因此也还有待辛勤地开掘与拓展。尤其是马克思美学的核心——"实践的人道主义"，更是亟待予以深化。

例如，马克思的美学是哲学家的美学还是美学家的美学？这就是一个重要问题。毫无疑问，马克思美学理应是哲学家的美学。其中的一个基本的判断是，马克思美学是以"人的解放"为核心的，亦即是同时兼顾了"实践的唯物主义"与"实践的人道主义"的。因此，在《巴黎手稿》中，"历史科学"与"价值科学"还理应是一门科学。但是，遗憾的是，马克思着重研究的是社会的解放，而对心理的解放却还没有来得及详细研究。然而，在考察人的发展的过程中，马克思尽管是以历史求解为主的，但是却也无时无刻不在关注着人的精神关系的解放，而这，也就为生命美学的诞生留下了广阔的空间。也因此，生命美学的美学思考命中注定理应是马克思的美学思考的继续。"实践的人道主义"才是美学之为美学的主旋律。对于我们而言，重要的不是人类解放的历史求解——"实践的唯物主义"，而是人类解放的价值省察——"实践的人道主义"，也就是对于"实践"的"人道主义"批判。必须强调，在对于《巴黎手稿》的理解中，这是一个十分重要的思想逻辑，万万不可忽视。卢卡奇、佛洛姆、马尔库塞等无一不是从马克思关于人的思考入手的。但是，离开了马克思的美学思路，仍旧回到从人性、人的本质去考察审美活动，却是他们之间的通病。

其实，马克思美学，从本体论的层面，必定是"生命"的；从生成论的层面，必定是"生成"的；从创造论的层面，还必定是"生产"的。

1966年，美学学者胡克曾预言"马克思的第二次降世"，这当然指的是瞩目于"价值科学"的"马克思的第二次降世"。这样一个作为"价值科学"的美学，却实在是一个美学的"哥德巴赫猜想"，因为它在马克思本人那里毕竟还是未完成时，因此，也就有待后人的不懈努力。而它的王冠，在我看来，则非生命美学莫属！

其次，往往为人们忽略了的，是"精神的生命"。

生物分类学告诉我们，在动物的进化中，精神系统的进化已经是一个重要方面。从没有神经细胞的原生动物到有神经索的环节动物、节肢动物等无脊椎动物，再从无脊椎动物到具有脑的脊椎动物，从低级脊椎动物发展到大脑具有发达皮层的人类，这整个过程都体现出精神系统进化在动物进化中的明显优先的地位。而随着精神系统的日益庞大复杂，它的精神应激水平也在逐渐提高。例如原生物或海绵动物，并没有睡觉的需要，但对于具有大脑的人类，睡觉就不可或缺。其特征就是脑机能的暂歇。这使我们意识到，学者们在考察人类的生命发展过程之时，往往注重的是肉体生存在生命进化历程中的重要作用，所谓"生物的生命"，然而却忽视了在人类的生命发展过程中同样重要的心理生存的重要作用，所谓"精神的生命"，这显然是一个不可原谅的"忽视"。

例如，长期以来，我们一直看重的是实践工具的作用，但是，其实原始人所要解决的关键问题并不是"饥饿"，而是"恐惧"。我多次强调，如果只是狭义工具，那么对于工具的强调就没有真正的意义。因为动物也使用实践工具。更何况，即便是工具，在其背后也必然蕴含着人类的内在动机。在创造实践工具之前，必须先把工具心理创造出来。没有工具心理的出现，又怎么可能有工具的出现？不能因为后来实践工具起了很大的作用，就倒退回去，片面强调工具的作用。而且，即便是工具，也不能被狭义化，因为在实践工具之外，还存在心理工具。前者针对的是"饥饿"，后者针对的却是"恐惧"。因为重要的不是吃饭，而是心理。只是吃饭，就始终都还是动物，只有心理才决定了人是人。因此，如果只是在狭义的角度使用"工具"一词，那么我们必须要说，人不是工具制造者与使用者，而是意义制造者与使用者或者符号制造者和使用者。例如，"所有的宗教都来源于恐惧"①。对于人而言，意义、符号都是高于工具的。应该是先有意义、符号的制造与使用，然后才有工具的制造与使用。不能因为今天的人是使用工具的，就夸大工具的作用。在这个问题上，把人当人看而不是当动物看是非常重要的。试想，在制作与使用工具之前倘若没有预先把相应的心理需要创造出来，倘若没有预先把内在的心理解释创造出来，倘若没有预先"意识"到工具的意义，一切又如何可能？对此，我们只要在任何一个历史博物馆去真正认真地观察一下，就不难理解。人并不是一个舞枪弄棒的猴子。因为在任何重要的场合，出现的都不是工具，例如在墓葬中出土的，就没有工具。如果工具真的对人十分重要，那为什么不带入墓葬？而且即便是工具，也不是实践工具而是生活容器，如罐子、酒杯、粮仓、火塘、炉膛、房子……不难发现，人类最早制造出来的东西都与心理的安抚相关。最早的金属不是用来做枪，而是用来做首饰、项链、耳环、手镯之类的装饰品。看来，决定性的是心理，而不是双手。并且，心理也不是双手的产物。否则，珠宝又怎么可能会比武器更重要？

---

① ［德］恩斯特·卡西尔：《人论》，甘阳译，上海译文出版社1985年版，第110页。

例如梦，梦可能是人类要战胜的第一个对象，也可能是给人类的第一个启迪。"纵观全部人类历史，梦幻既为人带来启示，又给人类制造恐怖。而且，人类从中无论感觉受启发还是受惊吓，两种反应都各有道理：一方面，人类内心世界要比其外部世界更加可怕、更加无法理解，何况这情形恐怕至今依然如此！因此，古人类第一要务，不是制造工具去控制外部环境，而是首先要制造出更强大、更有约束力的手段去控制他自己；而且，首先就是要控制人类自身的无意识状态。因而，这类工具的发明和优化，包括古人的礼制、象征、符号、语言、文字、形象、行为规范和标准（古代民德）等等，才是古人类最首要的正经事儿——这里，我特别想明确这一点。道理很简单，对于维持自身生存来说，上述这类活动和工作，要比制造石器工具迫切百倍。而对其后来的发展进化，就更不可缺少。"[①]梦与现实本来是两个世界，但是在原始人那里，却会被误认为是一个世界。甚至，半梦半醒之间的人类，也许会误以为恰恰是在梦幻中的心理体验才更为根本，也才可能恰恰是人类的常态。因此，芒福德就认为有"实在语言"和"鬼魅语

---

① ［美］刘易斯·芒福德：《机器神话（上卷）：技术发展与人文进步》，宋俊岭译，上海三联书店2017年版，第58页。

言"。①如此一来，梦，也就闯入了人类的心理世界，也威胁到了人类的生存本身。一个奇怪的问题是：人为什么会喜欢喝酒？科学家发现，酒的出现甚至早于辣椒。显然，人是有意去求一醉的，以便进入与梦中世界同等的幻想世界。中国早期殷商社会的甲骨文远比实践工具多得多，无疑也说明了对付梦的工作要更加迫切。只是当今梦已经退出了心理舞台，因此我们就往往想象不出原始人的"我怕"的生命忧患而已。

远古的祭祀与宗教也是如此。"饥饿"的工具当然重要，但却不是原始人生存的充分必要条件。恰恰相反的是，意义、符号之类的象征活动也许更加重要。我们看到的祭祀宗教活动工具要远比实践工具的发现要丰富，显然不是偶然的。这是因为，在"饥饿"之前，还有一个更大的困惑，就是"死亡"。卡西尔提示我们："对死亡的恐惧无疑是最普遍最根深蒂固的人类本能之一。"②"吃饭问题"是动物与人都会关注的问题，但是，为什么只有人才意识到了死亡？这显然是一个分水岭。死亡导致了恐惧，从死亡起步，人类开始发现了有限，然后又通过与无限的和解，使得自己最终得以强大起来。

---

① ［美］刘易斯·芒福德：《机器神话（上卷）：技术发展与人文进步》，宋俊岭译，上海三联书店2017年版，第60页。

② ［德］恩斯特·卡西尔：《人论》，甘阳译，上海译文出版社1985年，第111页。

直面恐惧，也就是直面完美、直面终极关怀，这正是只能够直面有限与现实关怀的动物所无论如何都无法做到的。最终，人因为意识到有限而走出了动物，远古的祭祀与宗教正是服务于此。柏格森发现：人有一种虚拟本能，这一本能催生出了神话。[1]卡西尔发现："所有的宗教都来源于恐惧。"祭祀与宗教就是"恐惧"的解决方案。祭祀和巫术，无异于神的第一次莅临。把好吃的献给无限，这是祭祀；把赞美献给无限，这是巫术。祭祀与无限的沟通，也正是人借助无限而实施的自我成长。所谓的神，其实无非是人的自我意识。人与神的互为依存，也正是人类以示弱的方式来战胜弱，示弱，却是为了让自己以后不再"弱"，是为了扭转弱的命运。进而，宗教也是如此。宗教中的神无不是人类自己的完美形象，无不是自身精神的客观化。神的存在，使得自己的欠缺异常突出地暴露出来。走向神的努力，则其实也是超越不完美的自己的努力。因此，也就把自己成功地带出了"恐惧"。

除了梦与祭祀、宗教，原始人的烦琐至极的社会仪式也无疑要比物质劳动远为重要。从早到晚，我们看到的，都是他们的忙于各种仪式，而不是焦灼万分地忙于寻觅吃喝。原始人

---

① 参见［法］亨利·柏格森《道德和宗教的两个来源》的第二章，贵州人民出版社2007年版。

对于"载歌载舞"的热衷就是鲜明的例证。而且，沉浸其中的原始人的愉悦程度，就更是非常值得关注的。现在的美学家们津津乐道于物质实践，其实，远在物质实践成熟之前，原始人的烦琐至极的社会仪式所体现的象征性活动就已经十分成熟。"礼制是文明之母，是文化一切支脉的总根。"[①]此言不谬！

更具说服力的，还是农业社会的诞生。《枪炮、病菌与钢铁》一书的作者戴蒙德曾经发现，农业的发明是自从有人以来的最大错误。这曾经令很多学人震惊。可是，如果我们知道游牧民族每天只需要工作两小时多一点，每周只需要12—19小时的工作时间，就会发现，农业社会的"披星戴月"实在是难于理解了。还有学者统计，中国汉朝的人均GDP是550美元（以1990年的美元为准），清朝嘉庆二十五年（1820年）是600美元，1950年则是439美元。农业社会似乎生产率也并不高。还有，就是身高的下降，游猎时期女性平均身高1.68米，农业社会却是1.53米；游猎时期男人1.75米，农业社会却是1.65米。这说明"吃不饱，穿不暖"是普遍现象。而且，营养的结构更是单调。但是，引人瞩目的却是，全世界干冷、湿热、湿冷、干热这四种气候地区却都走向了农业。从公元前

---

① ［美］刘易斯·芒福德：《机器神话（上卷）：技术发展与人文进步》，宋俊岭译，上海三联书店2017年版，第71页。

3000年直到公元1500年，4000多年里，人类从南农北牧、南富北贫、南弱北强，逐渐转向了反面。最早的农业文明有五个，都处于北回归线与北纬35度之间的一个很小的区域，周围被游牧民族紧紧地包围着，几乎可以说是危在旦夕，但是4000多年后，农业社会却取得了全面胜利。原因何在？我们不妨看一下人体骨骼的哈里斯数量，它意味着人类遭遇风险的次数，例如疾病次数。专家发现：原始社会的人有11条，农业社会的人却只有4条。看来，物质的"饥饿"问题并不十分重要，精神的"恐惧"才是最为重要的，中国人说："宁作太平犬，勿当乱世人。"这堪称肺腑之言。冯尼格的《第五号屠场》写到，主人公所生活的人类社会遭遇了一场兵荒马乱的不幸，于是男主角逃到了其他的星球。外星人问他：你认为什么最宝贵？这个男主角回答：和平地生活。这也堪称肺腑之言。

看来，在"饥饿"的背后，隐含着的是"恐惧"。直面"恐惧"，才是人类走出动物的当务之急。因此，人类脱离动物，最为根本的不是靠工具活动，而是靠意义与符号等象征活动。而在意义与符号等象征活动的背后成长起来的，就是隐喻思维、诗性思维。人，就是这样地被自己创造了出来。在意义与符号等象征活动中，借助隐喻思维、诗性思维，人类得以不断追求更加完善的自己、更加完美的自己。匍匐在地的人类，也最终站立了起来。或者说，人类是借助"精神生命"才得以站立起来的。而对于审美活动的揭示，无疑恰恰是应该从这里开始。

再次是智力社会的出现。

关于智力社会，我们亟待认真谛听马克思的声音。过去我们习惯于去摘引马克思关于"实践""阶级""革命"等论述，却忽视了马克思的一个深刻洞察：他指出"我们把劳动力或劳动能力，理解为人的身体即活的人体中存在的、每当人生产某种使用价值时就运用的体力和智力的总和"[①]。在这里，存在着的是人的能力包括体力和智力。同时，马克思还提出了"脑力工人阶级"的概念，认为他们是人类解放的产物，同时也是人类解放的动力，"在即将来临的革命中发挥巨大的作用"[②]，遗憾的是，过去人们太强调物质实践了，却没有敏捷地意识到，在生产力诸多要素中，智力的作用越来越明显。因此，马克思反复强调："发展为自动化过程的劳动资料的生产力要以自然力服从于社会智力为前提"[③]，"人的智力是

[①] 中共中央马克思恩格斯列宁斯大林著作编译局编译：《马克思恩格斯全集》（第23卷），人民出版社1979年版，第190页。

[②] 中共中央马克思恩格斯列宁斯大林著作编译局编译：《马克思恩格斯全集》（第22卷），人民出版社1979年版，第487页。

[③] 中共中央马克思恩格斯列宁斯大林著作编译局编译：《马克思恩格斯全集》（第46卷），人民出版社1979年版，第223页。

按照人如何学会改变自然界而发展的。"[1] "自然界没有制造出任何机器……它们是人类的手创造出来的人类头脑的器官；是物化的知识力量。固定资本的发展表明，一般社会知识，已经在多么大的程度上变成了直接的生产力，从而社会生活过程的条件本身在多么大的程度上受到一般智力的控制，并按照这种智力得到改造。"[2] "在观念上提出生产的对象，作为内心的意象、作为需要、作为动力和目的"，并且作为"生产的前提"。[3] "使人们行动起来的一切，都必然要经过他们的头脑。"[4]

　　智力社会的诞生意味着精神属性比实践属性更为重要。无疑，生命美学正是因此而区别于实践美学。我常说，人的秘密是生命的秘密，其实，生命的秘密则是精神的秘密。人的能力包括体力和智力两类，其中的体力与我所谓的"原生命"有关，而智力却与我所谓的"超生命"有关，"智力"起到

---

　　① 中共中央马克思恩格斯列宁斯大林著作编译局编译：《马克思恩格斯选集》（第3卷），人民出版社1972年版，第551页。

　　② 中共中央马克思恩格斯列宁斯大林著作编译局编译：《马克思恩格斯全集》（第46卷），人民出版社1979年版，第219—220页。

　　③ 中共中央马克思恩格斯列宁斯大林著作编译局编译：《马克思恩格斯选集》（第2卷），人民出版社1972年版，第94页。

　　④ 中共中央马克思恩格斯列宁斯大林著作编译局编译：《马克思恩格斯选集》（第4卷），人民出版社1972年版，第245页。

的作用越来越大，"体力"起到的作用越来越小，也可以看作"超生命"起到的作用越来越大，"原生命"起到的作用越来越小。或者，"恐惧"起到的作用越来越大，"饥饿"起到的作用越来越小。与此相应，是物质让位于精神，体力劳动让位于脑力劳动，"人的自由自觉的活动""自觉的能动性""创造符号的能力"三者都脱颖而出。"马克思所谓的"脑力工人阶级"日益成为劳动解放的主导力量。当然，"脑力工人阶级"意味着"武器的批判"，意味着人类为自身的解放所铸造的"物质武器"，"实践的人道主义"则意味着人类为自身的解放所塑造的"精神武器"，是"批判的武器"。无疑，"批判的武器"当然不能代替"武器的批判"，物质力量只能用物质力量去摧毁，但是"批判的武器"一经群众掌握，也会推动"武器的批判"。总之，人因为创造而超出动物，也因为"智力"而超出动物。而今，这一切都逐渐成为现实。我所强调的美学的引导价值、主导价值，强调美学对于世界的美学建构，正是着眼于美学的改变世界而不是解释世界，而且着眼于软实力背后的智力社会。

又次是百年中国美学的审美现代性与启蒙现代性的双重变奏。

严格而言，现当代百年中国美学其实只有两个思潮——启蒙现代性的美学思潮与审美现代性的美学思潮。我所提倡的生命美学从王国维、鲁迅、宗白华、方东美等一路顺延而下，无疑隶属于后者。百年中国现代美学，其实也无非两大美学思潮的双重变奏——审美现代性与启蒙现代性的双重变奏。在其中此起彼伏的，还仍旧是"生命"与"实践"的冲突。启蒙现代性侧重于现代性的建构，关注的是现代性的现实层面，亦即工具理性和科学精神。审美现代性侧重于现代性的反省，关注的是现代性的超越层面，亦即对于工具理性和科学精神的反思。它为人，也为人的主体性祛魅，也倾尽全力于对现代性的核心——理性的批判。由此我们看到，审美现代性必然走向"生命"，启蒙现代性则必然走向"实践"。彼此之间，恰恰是"审美—表现理性结构"与"认知—工具理性结构""道德—实践理性结构"之间的差异。德国学者彼得·科斯洛夫斯基所发现的启蒙现代性的"技术模式"与审美现代性的"生命模式"的不同导向，[①]则使得我们的思考充满了内在的思想张力。百年中国现代美学的主旋律其实就是两家：启蒙现代性的美学（实践美学）与审美现代性的美学（生命美学与超越美学等），因为只有它们是贯穿始终的。

_____

① 参见［德］彼得·科斯洛夫斯基：《后现代文化》，毛怡红译，中央编译出版社1999年版，第79页。他还指出："现代的文化在其基本原则上是技术型的。它把技术的、无机的模式转面用于对人的自身理解以及人对世界和他者的关系。"（第41页）

最后，是"万物一体仁爱"的生命哲学。

相对于李泽厚的"人类学历史本体论"的哲学观，1991年我又提出了"万物一体仁爱"的生命哲学（简称"一体仁爱"的生命哲学）。"我爱故我在"，是其中的主旋律（为此，2009年，我甚至曾经以"我爱故我在"作为我的一部专著的书名）。爱即生命、生命即爱与"因生而爱""因爱而生"则是它的主题。而且，它并非西方的所谓"爱智慧"与智之爱，而是"爱的智慧"与爱之智。

众所周知，从"存在"起步，就哲学思考而言，无疑并非中国特色。在中国，真正历久弥新的主旋律始终只有一个：以"仁"释人。因此，中国的哲学就是生命哲学，也是生命的学问。而且，不同于西方和印度都往往以生命为负，在中国，是以生命为正。仁就是人，人也就是仁。首先是孔子，提出"仁者人也"。《论语·里仁》曰："苟志于仁矣，无恶也。"而且，"仁者爱人"。当然，孟子也如此："亲亲而仁民，仁民而爱物。"（《孟子·尽心上》）庄子也如此，《庄子·天下篇》就记载了惠施的"泛爱万物，天地一体也。"不过，这毕竟只是中国哲学的第一站，所谓先秦诸子时代的传统"万物一体"论。第二站，是在宋代理学思潮中出现的新形态的"万物一体"论。其中最为引人注目的，是多了一个"仁"。所谓"万物一体之仁"。这堪称是宋代新儒家的一大贡献。例如张载，他率先提出了仁者的大生命观："天地之塞，吾其体；天地之帅，吾其性。民，吾同胞；物，吾与也。"不过，却还没有把"一体"与"仁"联系起来，也没有把"视天下无一物非我"与"仁"联系起来。程颢的"万物一体之仁"的重心则开始发生悄悄的偏移：以天下万物一体为生命共同体。到了王阳明，则再次从客体向主体偏移，走向了"非意之""本若是""莫不然"的作为之为人的情感呈现的"仁"。孔子的"天下归仁"到了王阳明，成为"天下归于吾人"，"归仁"说和"万物一体"说被结合了起来。尽管仍旧是万物一体共生，但是，现在的万物一体已经不是一般意义上的万物一体，而是必须以仁为基础的万物一体了。而且，更为重要也更为关键的是，这里的"仁"已经并非伫立于我—它之间、我—他之间，而是伫立于我—你之间了。

我所谓"万物一体仁爱"的生命哲学就出自王阳明的"万物一体之仁"。当然，无疑又有所不同，其中的关键是：以现代意义上的"爱"去重新释仁，将"仁"扩充为"仁爱"，实现凤凰涅槃与脱胎换骨，从而为古老的"仁""下一转语"，从王阳明的"万物一体之仁"进而走向"万物一体之仁爱"，所谓"天下归于仁爱"。它意味着：从自在走向自由，从无自由的意志（儒）或无意志的自由（道）走向自由意志；而且从以人为本进而明确地转向"以人人为本""以所有人为本"。于是，"万物一体"不再是一般意义上的万物一体（例如，就不再是张世英先生所提倡的"万物一体"），不再上承于天，以"天德""天意""天命"作为主宰，而必须是以仁爱为基础的万物一体，从而在"己所不欲，勿施于人""我不欲人之加诸我也，吾亦欲无加诸人"以及"己欲立而立人，己欲达而达人"的基础上"视天下犹一家""中国犹一人（仁）"，视人犹己，视国为家，从"麻木不仁"走向"一视同仁"，把一切物都当作同样的自己，把一切人也都当作同一个人。例如，改"孝悌也者，其为仁之本欤"（《论语·学而篇》）为"仁爱者，其为孝悌之本欤"。以尊重所有人的生命权益作为终极关怀，也以尊重所有物的生命权益作为终极关怀。并且，以尊重为善，以不尊重为恶，因此，超出工具性价值去关注作为人的目的性价值、作为物的目的性价值，就是其中的关键之关键。同时，把世界看作自我，把自我看作世界，世界之为世界，成为一个充满生机、生化不已的泛生命体，人人各得自由、物物各得自由。人，则是其中的"万物灵长""万物之心"，既通万物生生之理，又与万物生命相通，既与天地万物的生命协同共进，更以天地之道的实现作为自己的生命之道。从而，正如陀思妥耶夫斯基《卡拉马佐夫兄弟》中的佐西马长老所说：得以"用爱去获得世界"。

至此，熟知生命美学的人都会想起，所谓"万物一体仁爱"的生命哲学涉及我时常提及的所谓两个"美学的觉醒"——"信仰（爱）的觉醒"、"个体的觉醒"中的"信仰（爱）的觉醒"，也涉及我频频强调的美学研究的信仰维度、爱的维度。早在1991年，我就提出："生命因为禀赋了象征着终极关怀的绝对之爱才有价值，这就是这个世界的真实场景。""学会爱，参与爱，带着爱上路，是审美活动的最后抉择，也是这个世界的最后选择！"①后来，我进而意识到，"'带着爱上路'的思路要大大拓展"②，因此，我又出版了专著《我爱故我在——生命美学的视界》（江西人民出版社2009年版）、《没有美万万不能——美学导论》（人民出版社2012年版）、《头顶的星空——美学与终极关怀》（广西师范大学出版社2016年版）。同时，《上海文化》2015年分上、中、下篇，连载了我的约五万字的论文《让一部分人在中国先信仰起来——关于中国文化的"信仰困局"》，其中，信仰的维度、爱的维度以及"让一部分人在中国先爱起来"，也是一个重要的讨论内容。随之，《上海文化》从2015年第10期开始，开辟了专门的关于信仰问题的讨论专栏。2016年，发表了著名学者陈伯海的《"小康社会"与"信仰困局"——"让一

---

① 潘知常：《生命美学》，河南人民出版社1991年版，第298页。

② 潘知常：《我爱故我在——生命美学的视界》，江西人民出版社2009年版，第34页。

部分人在中国先信仰起来"之读后感》、著名学者阎国忠的《关于信仰问题的提纲》、著名学者毛佩琦的《构建信仰，重建中华文化的主体性》等十几篇讨论文章。同时，2016年3月6日，由北京大学文化研究发展中心、《上海文化》编辑部举办的"中国文化发展中的信仰建构"讨论会，2016年4月16日，由上海社科院文学所、《学术月刊》编辑部、《上海文化》编辑部主办的"中国当代文化发展中的信仰问题"学术研讨会也相继在北京、上海召开。而在2019年出版的拙著《信仰建构中的审美救赎》中，对于"'带着爱上路'的思路"更是做了集中的讨论。

弗洛姆说过："爱，真的是对人类存在问题的唯一合理、唯一令人满意的回答，那么，任何相对的排斥爱之发展的社会，从长远的观点看，都必将腐烂、枯萎，最后毁灭于对人类本性的基本要求的否定。"[①]而且，"即使完全满足了人的所有本能需要，还是不能解决人的问题；人身上最强烈的情欲和需要并不是那些来源于肉体的东西，而是那些起源于人类生存特殊性的东西。"[②] "爱"就是这个"特殊性的东西"。

---

① ［美］弗洛姆：《为自己的人》，孙依依译，生活·读书·新知三联书店1988年版，第335页。

② ［美］弗洛姆：《健全的社会》，欧阳谦译，中国文联出版公司1988年版，第26页。

遗憾的是，在西方，由于信仰维度与爱的维度是始终存在的，因此，这一切对于他们来说，其实已经化为血肉、融入身心。可是，对于中国这样一个自古以来就不存在信仰维度、爱的维度的国家而言，这一切却还都是一个问题。但是，"学问若不转向爱，有何价值？"（13世纪的神学大师安多尼每次讲学都以此话作开场）。也因此，在"'带着爱上路'的思路要大大拓展"的基础上建构"万物一体仁爱"的生命哲学（简称"一体仁爱"的生命哲学）也就成为必须与必然。

由此，关于生命美学，在我看来，其根本贡献可以从以下八个方面去考察：

第一，我所提倡的生命美学出现于1985年，在国内改革开放新时期中出现的当代美学的各家各派中，应该是最早的。例如，后实践美学的第一篇奠基性的论文是杨春时先生1994年发表的，新实践美学的第一篇奠基性的论文是邹其昌先生1998年发表的，但是生命美学却在1985年就已经发表了第一篇奠基性的论文；而且，生命美学早在1991年就已经出版了自己的奠基之作——《生命美学》，后实践美学的奠基之作——杨春时先生的《走向后实践美学》是安徽教育出版社2008年出版的，后实践美学的奠基之作——张玉能先生的《新实践美学论》是人民出版社2007年出版的，实践存在论美学的奠基之作——朱立元先生的《走向实践存在论美学》是2008年苏州大学出版社出版的。因此，不论是从发表的第一篇奠基性论文看，还是从出版的第一部奠基性专著看，生命美学都是最早的，而且在时间上也是遥遥领先的。

第二，我所提倡的生命美学在国内改革开放新时期中对于实践美学的批评也是最早的。当下有一种我不太赞同的学风，就是不少人写文章都喜欢从质疑实践美学开始。但是，却从来不去提及数十年前从生命美学、超越美学开始的对于实践美学的质疑，每每希望给人以一种感觉：对于实践美学的质疑是从他们才开始的。可是看看他们对于实践美学的质疑，诸如"积淀""理性"等，其实都是拾人牙慧，都是在重复数十年前生命美学、超越美学的对于实践美学的质疑。也因此，这所谓的"质疑"也就不由得令人想起叔本华当年对于某些学人的批评："总不过是证明着人们原已从别的认识方式完全确信了的东西。这就等于一个胆小的士兵在别人击毙的敌人身上戳上一刀，便大吹大擂是他杀了敌人。"①同样是在质疑实践美学，1985年的质疑与1995年的质疑、2005年的质疑、2015年的质疑，难道是可以等量齐观的吗？第一个用鲜花比喻女人的是天才，第二个用鲜花来比喻女人的是庸才，第三个用鲜花来比

① ［德］叔本华：《作为意志和表象的世界》，石冲白译，商务印书馆1982年版，第123页。

喻女人的是蠢材。这个比喻所陈述的深意我们都不要忘记。而且，这就类似于在同一个美学跑道进行比赛，别人已经跑了十圈，他其实仅仅跑了一圈，但是却因为暂时都在并排奔跑，就虚张声势起来，到处宣称自己才是跑在最前面的，甚至不惜诋毁前面的已经跑了几圈的学者。这，无论如何不应该是值得推崇的学风。

第三，我所提倡的生命美学在中国美学的漫长历史中第一次命名了"生命美学"。而且，这四个字也因此已经经久不衰。我们知道，鲍姆加登（1714—1762）之所以号称西方的"美学之父"或者"美学的教父"，当然是对他对于"美学"学科的命名的肯定。"名不正则言不顺"，因此，命名的贡献理应得到尊重、得到肯定。而在国内改革开放新时期中出现的当代美学的各家各派中，早于"生命美学"命名的"文艺美学"，其实并非大陆学者的美学贡献，而是台湾学者王梦鸥在1971年就已经命名了的。早于"生命美学"命名的"实践美学"，也并非"首倡"者李泽厚先生的贡献，而是后人的追认。由此，不难看出，"生命美学"的被命名，在改革开放新时期无疑是名列前茅的，其贡献也理应得到尊重，得到肯定。①何况，现在涉及这四个字的百度搜索已经是3280万条，在中国知网，涉及这四个字的论文也已经有1591篇，如果知道目前国内在这两个数字统计上能够"破千"的只有实践美学和生命美学，就应该知道，这是一个从"零"到千到千万再到几千万的一个十分了不起的成绩。

第四，我所提倡的生命美学在当代美学史上第一个完成了范式革命，使得美学从"实践"到"生命"，从"启蒙现代性""积淀""认识—真理""实践的唯物主义""自然人化""物的逻辑"的主体性立场转向"审美现代性""生成""情感—价值""实践的人道主义""自然界生成为人""人的逻辑"的主体间性立场。而且，生命美学已经鲜明区别于过去的关注文学艺术为核心的小美学，转而成为关注美学时代美学文明关注人的解放的大美学。

第五，我所提倡的生命美学从一开始就是从中国古代、近代美学的生命美学传统出发的。它是中希（"希腊悲剧时

---

① 康德给马库斯·赫茨的信中说："我正在撰写一部'纯粹理性批判'，它将涉及理论知识和实践知识。……我将在三个月内出版它。"虽然康德在三个月内并没有出版这部著作，事实上，《纯粹理性批判》是在九年后才出版的，但在这里，重要的是，康德已经提出了"纯粹理性批判"的新概念。正如A.B.古留加所指出的："一般都把这封信的日期（1772年2月21日）看成是康德主要哲学著作诞生（或说孕育更为确切些）的日期。"（参见［苏联］阿尔森·古留加：《康德传》，贾泽林、侯鸿勋、王炳文译，商务印书馆1981年版，第84页）因此，生命美学的诞生起码也应为1985年。

代"或者"前苏格拉底时代"）美学之间的对话，是儒家+无神论的人道主义，也是孔子+马克思。例如，其中最为重要的，是中国的"生生""仁爱""万物一体之仁"+马克思的"实践的人道主义""自然界向人生成"。因此，且不说我是在先出版了中国美学史研究专著《美的冲突》《众妙之门》之后，才写了生命美学的奠基之作——《生命美学》的。而且，其中的三个核心概念，也是西方美学中所欠缺的。这就是："兴""境""生"。我所提倡的生命美学被称为情本境界生命论美学，其中的"情本"（"兴"）、"境界"（"境"）、"生命"（"生"），就正是"兴""境""生"。因此，生命美学无疑是充分禀赋中国美学的根本特色的。

第六，倘若实践美学是源自百年前北京的《新青年》+启蒙现代性，生命美学则是源自百年前南京的《学衡》+审美现代性。同时从宗白华、方东美、唐君毅、陈铨直到今天，生命美学在南京大学（中央大学）更是一脉相传，在百年中国美学的历史上蔚为奇观。而且，生命美学已经完成了自身的生命本体论的建构，并且因此而根本超出了中国古代、近代美学中的关于生命的美学思考，代表着中国美学的生命美学传统的最终成熟与完成。

第七，我所提倡的生命美学在经过了三十八年的相当时间长度的沉淀淘汰之后，已经推出了自己的代表作、代表人物，例如200万字的自己所著的"生命美学三书"（第一卷为55万字的专著《信仰建构中的审美救赎》，人民出版社2019年出版；第二卷为71.9万字的专著《走向生命美学——后美学时代的美学建构》，中国社会科学出版社2021年出版；第三卷为74万字的专著《我审美故我在——生命美学论纲》，中国社会科学出版社2023年出版），也形成了自己在师生传承之外的广泛学术群体。例如，多年以来，除了我自己的生命美学研究，我还看到王世德、聂振斌、曾永成、张涵、朱良志、成复旺、司有仑、封孝伦、刘成纪、范藻、黎启全、姚全兴、雷体沛、杨蔼琪、周殿富、陈德礼、田义勇、熊芳芳等以及古代文学研究大家袁世硕先生以及哲学大家俞吾金的大量研究论述。再如，且不要说刘纲纪先生的周易生命美学、曾永成先生的生成美学、陈伯海先生的生命体验美学，即便是陈望衡先生的境界美学、曾繁仁先生的"生生美学"、吴炫先生的"中华生命力美学"等，其实也不难从中看到生命美学的身影。这只要回想一下生命美学从1985年以后就始终不渝地在坚持着的"生命""体验""美是自由的境界""境界本体""境界美学""生生—仁爱—大美"等，应该也就不难看出。甚至，我在1991年出版的《生命美学》中，就已经以"超越"作为生命美学的核心词，并且在该书的第88—105页，已经专门详细论述了"超越"问题。无疑，即便是在国内学界的提倡"超越"，生命美学也应该是并不落后的，这与后来在1994年才开始出现的著名的"超越美学"无疑也一脉相连。

第八，我所提倡的生命美学，除了自己的理论特色——"万物一体仁爱"的生命哲学＋"情本境界论"生命美学之外，还有其极为特殊也极为可贵的"知行合一"的美育践履传统。这是生命美学所一直默默践行的王阳明心学所发端的美学传统。数十年来，尽管不赞同"实践美学"，但是在"美学实践"方面，生命美学所付出的辛勤劳动以及所获得的丰硕成绩，则必须说，是十分突出的。这一点，仅从我个人数十年来所从事的数以千计的美育实践以及"按照美的规律建构世界"的数以百计的咨询策划项目实践中无疑不难看到。因此，生命美学堪称"万物一体仁爱"的生命哲学＋"情本境界论"的审美观＋"知行合一"的美育践履。

还值得一提的是长期以来在两条战线上所展开的工作：一条战线是关于名家名作的美学思考，出版了《谁劫持了我们的美感——潘知常揭秘四大奇书》《〈红楼梦〉为什么这样红——潘知常导读〈红楼梦〉》《我爱故我在——生命美学的视界》《头顶的星空——美学与终极关怀》《潘知常美学随笔选》……其中涉及了《三国》《水浒传》《西游记》《金瓶梅》《聊斋》《红楼梦》，李后主杜甫海子王国维鲁迅，还有

《哈姆雷特》《悲惨世界》《日瓦戈医生》等名家名作。还有一条战线是关于当代文化的批判，出版了《大众传媒与大众文化》《流行文化》《新意识形态与中国传媒》，还主编了专著《传播批判理论》（再加上1995年出版的《反美学》），显然走的是法兰克福学派的道路。现在来看，这些应该也都是出自"知行合一"的美育践履。

三、生命美学的历史贡献

生命美学与中西方的生命美学存在着共同之处，但也存在着不同之处。

首先我们必须看到，在中西方，对于美学的定位有所不同。在西方，美学一直都是辅助性的学科，从宗教时代到科学时代，都只是宗教与科学的附属品，而且主要是着眼于文学艺术的阐释。所以又主要是被称为"艺术哲学"。但是在中国却不同，生命美学在中国有着深厚的传统。自古以来，儒家有"爱生"，道家有"养生"，墨家有"利生"，佛家有"护生"，这是为人们所熟知的。因此，中国的源远流长的古代美学其实就是生命美学，这是为所有学者所公认的。而且，它始终都是作为一门主导性的学科而存在的。蔡元培先生发现：在中国是"以美育代宗教"，其实，在中国也是"以美育代科学"。因此，在中国，美学始终都并非西方那类的以关心文学艺术为主的"小美学"，而是以关心"天地大美"、人生之美为主的"大美学"。不过，正如我所说，在最近的一二百年，西方从康德、席勒、尼采、海德格尔、马尔库塞等开始，在漫长的从"神性"视界出发、立足神学目的或者从理性视界出发、立足至善目的去追问美学之后，在宗教退回了教堂之后，也在科学退回了课堂之后，西方学者毅然走向了一种从生命视界出发、立足生命活动本身的美学追求。美学也逐渐超越了文学艺术，开始走向了密切关注人的解放的"大美学"。他们开始认定：审美活动是人类生命活动的必然与必需。也因此，在"高技术"的时代，也就亟待作为"高情感"的审美成为必要的弥补与补充。而在中国，百年来则连续出现了几次"美学热"。中国的学者从王国维、宗白华、方东美、朱光潜直到当代的生命美学，都始终孜孜以求于美学与人的解放这一美学的根本目标。因此，也就与西方美学近一二百年的取向殊途同归，并且意外地在"生命美学"这一世纪焦点上出现了彼此可以对话、共商的美学空间。"美学地看世界"，成为中西方美学的共同视角。陈寅恪先生曾经感叹："后世相知或有缘。"而今看来，确实如此！

因此，从历史的角度来看，西方美学只是西方现当代美学中的一个重要学派，而当代中国的生命美学却堪称中国自古迄今的元美学。也因此，伴随着时代背景的巨大转换以及研究思考的日渐深入，当代中国的生命美学也必然会有自己的美学贡献。

　　具体来说，西方的生命美学，从康德开始，尽管都关注到了"审美拯救世界"这一命题，也都意在将审美视作推动世界发展的重要的动力，但是首先，西方生命美学较多关注的只是美学的批判维度，却都忽视了美学的建构维度。他们没有意识到：对于审美的普遍关注，是因为在宗教时代、科学时代之后的美学时代的莅临。一个以美学价值作为主导价值、引导价值的"美学时代"正在姗姗而来。时代的最强音已经从"让一部分人先宗教起来""让一部分人先科学起来"转向了"让一部分人先美学起来"，而且，也已经从"上帝就是力量""知识就是力量"转向了"美是力量"。这是宗教的觉醒、科学的觉醒之后的第三次觉醒：美的觉醒！从"信以为善"到"信以为真"再到"信以为美"。现在，已经不是"美丽"，而是"美力"。而且已经进入了"扫（美）盲"时代，亟待着"全世界爱美者联合起来"。因此，西方生命美学尽管十分重视美学与生命的关联，但是就美学的意义而言，却毕竟仅仅意识到美学的在行将结束的科学时代的救赎作用，却未能意识到美学在即将到来的美学时代的主导作用、引导作用。因此他们对于美学的关注也就只能是天才猜测，而无法落到实处。例如，尽管卡西尔已经知道了人是符号的，而且形成了一个次第展开的文化扇面，但是却只是将各种文化形态平行地置入其中，却未能意识到在这个次第展开的文化扇面中还始终存在一种主导性、引导性的文化。再例如，未能注意到宗教文化作为主导性、引导性的文化的宗教文化时代，科学文化作为主导性、引导性的文化的科学文化时代。因此，也就忽视了当今正在向我们健步走来的美学文化作为主导性、引导性的文化的美学文化时代。关键是要回答：美学的主导价值、引导价值是什么？与此相应，西方的生命美学对于美学在即将到来的美学时代的主导作用、引导作用也就关注得不够，而这却恰恰是我所提出的生命美学以及当代中国的生命美学的理论探索的重中之重。

其次，西方生命美学因此未能去进而关注美学所建构的世界是什么。西方生命美学较多关注的只是美学的批判维度，例如法兰克福学派就自觉地以美学为利器，去批判资本主义社会，批判理性至上，批判技术霸权，并且孜孜以求于"艺术与解放"的提倡，但他们却没能意识到，美学不仅仅要关注对于当下的批判，而且还要关注对于未来的构建，因此未能去关注美学的"按照美的规律来建造"的建构维度。对此，我经常强调，在西方美学历史上，值得关注的往往是哲学家的美学而不是美学教授的美学。但是，我们也必须看到：这条"通向现代欧洲思想某些中心问题的道路"在西方生命美学的探索中却始终晦暗不明，于是，"从那个特定的角度出发，弄清更大范围内的社会、政治、伦理问题"的目标也就随之而落空了。但是，令人欣慰的是，从"小美学"走向"大美学"，从对于文学艺术的关注转向对于人的解放的关注，立足于美学时代来重新阐释美学之为美学的意义以及美学在当代社会所禀赋的重要的价值重构的使命，正是我所提出的生命美学以及当代中国的生命美学所作出的重大贡献。换言之，关键是要回答：美学时代是一个什么样的时代？是从"宗教地看世界""科学地看世界"转向"美学地看世界"。类似孔子呼唤的"天下归仁"，现在亟待"天下归美"。沃尔夫冈·韦尔施在《重构美学》中曾经谈到他自己的美学探索："本书的指导思想是，把握今天的生存条件，以新的方式来审美地思考，至为重要。现代思想自康德以降，久已认可此一见解，即我们称之为现实的基础条件的性质是审美的。现实一次又一次证明，其构成不是'现实的'，而是'审美的'。迄至今日，这见解几乎是无处不在，影响所及，使美学丧失了它作为一门特殊学科、专同艺术结盟的特征，而成为理解现实的一个更广泛、也更普遍的媒介。这导致审美思维在今天变得举足轻重起来，美学这门学科的结构，便也亟待改变，以使它成为一门超越传统美学的美学，将'美学'的方方面面全部囊括进来，诸如日常生活、科学、政治、艺术、伦理学等等。"①这其实也是我所提出的生命美学以及当代中国的生命美学的所思所想。而且，在这个方面，我所提出的生命美学以及当代中国的生命美学始终都在直面"我们称之为现实的基础条件的性质是审美的"，直面"美学丧失了它作为一门特殊学科、专同艺术结盟的特征"，直面美学与人的解放之间的密切关联，在"审美思维在今天变得举足轻重起来"的时代，担当起了时代领航者的光荣使命。同时，我所提出的生命美学以及当代中国的生命美学已经"成为一门超越传统美学的美学，正在将'美学'的方方面面全部囊括进来"，因此而开始的对于美学在当代世界所导致的重构自然、重构社会、重构生活、重构自我的"价值重估"，无疑也弥补了西方生命美学的一个"价值真空"。

尼采曾经说：我的时代还没有到来！生命美学也曾经是如此。尽管西方近现代的大哲学家从谢林、康德、席勒等人开始，都在不遗余力地呼唤美学，但是后来建构的却大多仍旧是所谓的学院美学、文学艺术的美学、小美学。本来，一个即将来临的全新的大时代所"播下的是龙种"，但是，美学的建构却远远未尽如人意，可谓"收获的却是跳蚤"。在过去

---

① ［德］沃尔夫冈·韦尔施：《重构美学》，陆扬、张岩冰译，上海译文出版社2002年版，第1页。

的若干年中，生命美学也未能扭转乾坤。不过，在我看来，现在，生命美学的时代已经到来！这是因为，人类已经从"轴心时代""轴心文明"进入了新"轴心时代"、新"轴心文明"。在马克思去世的1883年，德国哲学家雅斯贝尔斯出生了。他在1949年出版的《历史的起源与目标》正式公布了"轴心时代""轴心文明"的哲学命题，而且从此声名鹊起。在他看来，公元前800至公元前200年之间，尤其是公元前600至前300年间，是人类的"轴心时代""轴心文明"。"轴心时代""轴心文明"发生的地区是在北纬30度上下，就是北纬25度至35度区间。这段时期是人类文明精神的重大突破时期。在轴心时代里，各个地域都出现了伟大的精神导师——古希腊有苏格拉底、柏拉图、亚里士多德，以色列有犹太教的先知们，古印度有释迦牟尼，中国有孔子、老子……他们提出的思想原则塑造了不同的文化传统，也一直影响后世的人类社会。毋庸置疑，在这当中，美学也应运而生，并且起着至关重要的作用。不过，我们又毕竟要说，人类的"轴心时代""轴心文明"更具体体现为人类的宗教时代与科学时代。美学在其中只是起着辅助的作用。在这当中，"救世主"的观念十分重要。或者是上帝，或者是理性，或者是"上帝的人"，或者是"知识的人"，总之根本模式都是一样的，都是必须有一个彼岸。人们发现：在宗教的时代，主导的是"神造论"，是人文理性对于人的自然的征服，也就是对于"内在自然"的征服，因此需要的是遏制人类的欲望。美学之为美学，并没有自己的立足之地，而是服从于遏制人类的欲望的这一"神造论"的需求。进而，在科学的时代，主导的转而成为"构成论"。"上帝死了"，既然如此，人类亟待去做的只是处理人与自然的关系，因此，亟待要用科学去征服"外在自然"，也就是亟待以工具理性征服"外在自然"。因此需要的是释放人类的欲望。值此之际，美学之为美学，同样没有自己的立足之地，而只是服从于释放人类的欲望的这一"构成论"的需求。由此，美学的二元论、美学的唯物唯心之争等，也就一目了然了。它们其实都是人类的"轴心时代""轴心文明"与人类的宗教时代与科学时代的内在要求。也因此，生命美学地在西方迟迟未能出现，也就不难解释了，这无疑是因为"轴心时代""轴心文明"以及西方的宗教时代与科学时代，美学在其中毕竟只起着辅助作用。而生命美学地在中国的始终如一，则也正是因为，尽管同处"轴心时代""轴心文明"，但是中国的宗教时代与科学时代却始终并不截然鲜明，始终都是"无神的信仰""无科学的技术"。美学也就可以借机发挥较大的作用。但是，进入新"轴心时代"、新"轴心文明"，一切就都完全不同了。在"又一个轴心时代""又一次轴心巨变"中无疑会导致"规范观点和指导性价值的重新定向"。①显而易见，在人类无法完全地把握自身的生命之时，两极化的片面形式无疑是必然的：一方面，人的本性被肢解为神性，另一方面，人的本性又被肢解为物性；或者，世界是精神的，或者，世界是物质的。因此首先是宗教时代，宗教"是人的生活无可争辩的中心和统治者""人生最终和无庸置疑的归宿和避难所"②。其次是科学时代，科学是人的生活无可争辩的中心和统治者、人生最终和毋庸置疑的归宿和避难所。然而，"作为一个整体的人类文化，可以被称作人不断解放自身的历程"。③随着"人不断解放自身的历程"，而今美学成为"人的生活无可争辩的中心和统治者""人生最终和无庸置疑的归宿和避难所"。最为根本的，必然是宗教和科学不再是其中的两大支点，"生命"，成为其中的唯一支点。在这个方面，德国学者科斯洛夫斯基提出的"轴心时代""轴心文明"的"技术模式"以及新"轴心时代"、新"轴心文明"的"生命模式"，就特别值得

① ［美］大卫·雷·格里芬编：《后现代精神》，王成兵译，中央编译出版社1998年版，第135页。

② ［美］威廉·巴雷特：《非理性的人——存在主义哲学研究》，杨明照、艾平译，商务印书馆1995年版，第24页。

③ ［德］恩斯特·卡西尔：《人论》，甘阳译，上海译文出版社2013年版，第389页。

关注。①前者，是背离生命、疏远生命的"轴心时代""轴心文明"，后者，则是回到生命、弘扬生命的新"轴心时代"、新"轴心文明"。天地人成为一个生命共同体、一个生命大家庭。过去被长期放逐的"内在自然"与"外在自然"也都回归自身，都成为"自然界生成为人"、为美而生并向美而生的必然与必需，也都成为人之为人、世界之为世界的组成部分。于是，美学也就十分重要，并且成为时代的主导。所以，德国学者沃尔夫冈·韦尔施发现："'第一哲学'在极大的程度上变成了审美的哲学。"②当然，这也就是我所提出的生命美学。生命美学，正是在新"轴心时代"、新"轴心文明"应运而生的美学，也正是为人类的"美学时代"保驾护航的主导价值、引导价值的建构。

具体来说，研究美学，必须从关注"美学热"与"美学冷"开始。必须看到，"美学热"无非就是美学相对于自身学科的"越位"与"溢出"。这是人类历史中的一个奇观，也是美学学科的一个荣幸！美学，正是一个即将莅临的全新的大时代所"播下的龙种"，它是一个即将莅临的全新的大时代所共

① 参见［德］彼得·科斯洛夫斯基：《后现代文化：技术发展的社会文化后果》，毛怡红译，中央编译出版社1999年版，第79页。

② ［德］沃尔夫冈·韦尔施：《重构美学》，陆扬、张岩冰译，上海译文出版社2002年版，第71页。

同关注的核心问题，也是一个即将莅临的全新的大时代所理应给出的回答。

同时，研究美学，还必须从关注"热美学"与"冷美学"开始。这是因为，美学被时代赋予高光时刻，还意味着时代的特定期待——期待美学能够成为一个即将莅临的全新大时代的主导价值、引导价值的引领者。美学，业已成为与时代的命运密切相关的思想先锋、与人的解放密切相关的第一提琴手。当然，这也并不容易。也因此，顺应了这一期待的，我们就称之为"热美学"，反之，我们则称之为"冷美学"。

回顾历史，随着1985年开始的"美学热"的迅速冷却，我也开始在自己的论著里频繁使用着一个术语："冷美学"。1985年，我发表了关于生命美学的第一篇文章：《美学何处去》①。开篇伊始，我就提到了"冷美学"："美学成了'冷'美学。美是不吝赐给的。但是，摆在我们面前的，偏偏是理性的富有和感性的贫困——美的贫困。"继而，在1990年发表关于生命美学的另外一篇文章《生命活动：美学的现代视界》以及1991年出版的专著《生命美学》里，我又不断地提及所谓的"冷美学"。在我看来，我们的所谓美学，"似乎是一种无根的美学，似乎是一种冷美学，我所梦寐以求渴望着的似

---

① 刊登于《美与当代人》1985年第1期。

乎只是一个美丽的泡影"①。因此，美学，我要把你摇醒！

显然，犹如海德格尔所关注的"哲学的合法完成"，在这里，我们所遭遇到的，可以被称作：美学的合法完成。

我在前面已经着重提及了英格尔顿的发现，尽管其中存在着把美学狭隘化为意识形态的不足，但是，却十分值得注意。何况，同样的发现，还来自英国的美学史家鲍桑葵："西方现代化崛起的原因之一，就是德国哲学对于美学问题的高度重视。"②

在他们那里，美学，只是他们所发现了的一个根本的问题线索。这是一个时代的根本问题，也是一个时代的大问题。而且，他们的目的也是意在以美学解决人生的根本问题，意在提倡审美的人生态度，意在为一个即将莅临的全新的大时代确立其自身的主导价值、引领价值，而根本未曾去关注及美学学科的种种学理探讨。

而他们给予我们的启示却是：存在着哲学家的美学与美学家的美学，存在着"作为问题"的美学与"作为学科"的美学，存在着关注文学艺术的小美学与关注人的解放的大美学。

至于生命美学，毫无疑问，它必须是"美学热"的产物，更必须是"热美学"的传人。

---

① 潘知常：《生命美学》，河南人民出版社1990年版，第1页。

② ［英］鲍桑葵：《美学史》，张今译，广西师范大学出版社2001年版，第194页。

这样，生命美学也就鲜明区别于昔日的小美学。

例如，生命美学对于"审美生产力"就十分关注。在生命美学看来，"非功利性"的老调子早已唱完。在这里，至关重要的是"改变世界"而不是"解释世界"。生命美学是"改变世界"。前面提到过"实践的人道主义"。所谓"实践"，指的是"行动着""实现着"，亦即以扬弃私有财产为中介的"实践"、以实现人的解放为中介的"实践"。"实践的人道主义"则是以人道主义观去行动、去实现，是以借助人道主义来校正航向，也就是关于人的解放的人道反思、价值批判，类似于啄木鸟、牛虻。"实践的人道主义"关乎的是以"自然界生成为人"为核心的人的解放——人之成为人乃至世界之成为世界这一人类之为人类的根本问题。一切的一切都要接受人道主义的批判。改变世界中的价值问题，才是马克思"实践的人道主义"关注的重点。它是人文性质的，而不是科学性质的。是对于实践的"从主观方面去理解"，其实也就是对于实践的从价值批判的角度去理解，是从"人的本质"出发的"人道主义"对"人类实践"的价值反省。①因此，作为新"轴心时代"、新"轴心文明"中的主导价值、引导价值的引领者，"实践的人道主义"的美学也就是生命美学，其实也就是一种"实践的美学智慧"。

在这个意义上，生命美学以生命作为最高价值，就意味着以生命去为美学赋值，同时也意味着以美学为人之为人、世界之为世界赋值。对于生命的维持生命活动的能力、生存发展的能力乃至生命作用力的肯定，对于享受生命的能力、拓展生命的能力、创造生命的能力的肯定，简而言之，对于生命力的肯定，也就是美学对于人之为人、世界之为世界的肯定。在这个意义上，生命力就是审美生产力。这就正如马尔库塞所明确指出的：审美活动已经"成为另一个社会借以被设计出来的生

---

① 马斯洛指出："人有一种对理解、组织、分析事物、使事物系统化的欲望，一种寻找诸事物之间的关系和意义的欲望，一种建立价值体系的欲望。"（见［美］弗兰克·G.戈布尔：《第三思潮：马斯洛心理学》，吕明、陈红雯译，上海译文出版社1987年版，第46—47页）这当然就是"实践的人道主义"的目标。不过，我们也不能因此而简单地认为"哲学就是人学""美学就是人学"。因为"人学"是包括宗教、科学在内的。我们必须说：哲学就是"实践的人道主义"，美学就是"实践的人道主义"。联想一下恩格斯为什么不用"消灭私有制"来概括马克思主义？显然是因为这只是狭义的共产主义、科学的共产主义，而不是广义的共产主义、哲学与美学的共产主义。"每个人的自由发展是一切人的自由发展的条件"，恩格斯认为唯有这句话才可以代表马克思。其中，"一切人的自由发展"是目标，"每个人的自由发展"则是对于为人的解放而"行动着""实现着"之际的价值要求。因此，还是"实践的人道主义"。

产力"①"艺术应当不仅在文化上，并且在物质上都成为生产力"②。因此，解放生命力也就是解放生产力、释放生产力、提升生产力。由此，适者生存，美者优存。没有"美"万万不能。人的为美而生、世界的向美而在，其实也就是人的为"生命（力）"而生，世界的向"生命（力）"而在，就是美学"溢出"。

因此，首先，美是生命的竞争力。美，指向着生命的根本需要与发展方向。其次，美感是生命的创造力。与美不同，美感是立足于生命的根本需要与发展方向。最后，审美力是生命的软实力。区别于美与美感，审美力是根源于生命的根本需要与发展方向。

进而，从"赛先生"到"美先生"，一切都似乎是合乎逻辑的，也是必然的，是"把美学方法用到一切问题上去"，也是审美"在重构文明中起到决定性的作用"。③难怪有人会追问："一个压抑美、拒绝美的价值的社会，若想可持续发展可能吗？""如果我们否认美的价值，我们能成功地向一个

---

① ［德］赫伯特·马尔库塞：《艺术与解放》，朱春艳、高海青译，人民出版社2020年版，第241页。

② ［德］赫伯特·马尔库塞：《审美之维》，李小兵译，生活·读书·新知三联书店1989年版，第114页。

③ ［德］赫伯特·马尔库塞：《审美之维》，李小兵译，生活·读书·新知三联书店1989年版，第56页。

可持续的社会迈进吗？"①

由此，我们不难再给予"万物一体仁爱"生命哲学以更为深入的阐释。美学的主导价值、引导价值所建构的世界"理应""应该"是一个"万物一体仁爱"的世界。因为，既然要从美出发，那么，从美出发的真、善、美的统一"理应""应该"统一于什么？就是统一于"万物一体仁爱"。"万物一体仁爱"既是美，又是真，也是善：就一事物之真实面貌只有在"万物一体仁爱"之中，在无穷的普遍联系之中才能认识到（知）而言，它是真；就当前在场的事物通过想象而显现未出场的东西从而使人玩味无穷（情）而言，它是美；就"万物一体仁爱"使人有"民胞物与"的责任感与同类感（意）而言，它是善。同样，既然要从美出发，那么，从美出发的"一切价值的重估"，"理应""应该"从何处出发？无疑应该是从"万物一体仁爱"出发。从"万物一体仁爱"中，才能够最终完成一切价值的重估。它蕴含着生生："创造性的生命"。这是"万物一体仁爱"的第一个内在环节，所谓"创造性的生命"。蕴含着共生："本体论的平等"。这是"万物一体仁爱"的第二个内在环节，所谓"本体论的平等"。也蕴含着护

①　［美］卢巴斯基：《美对我们究竟有多重要？》，王璐译，《世界文化论坛》2014年11—12月第1版。

生："关系中的自我"。这是"万物一体仁爱"的第三个内在环节，所谓"关系中的自我"。

从而，生命美学的辉煌画卷得以全面展开。

首先是人之成为人或者人其人。它意味着以"美的名义"重建自我。

具体来说，借助于美，本来就是自我建构的最佳途径。通过改变自己来改变人生、通过改变"眼光"来改变世界，审美活动无疑最为适宜。其中包括：主体世界建构的前提——生命回归为生命，主体世界建构的方向——生命提升为生命，以及主体世界建构的基础——生命拓展为生命。它们或者是高度的拓展，或者是广度的拓展。总之都是对人的情感进行重新塑造。

当然，美学作为主导价值、引导价值所建构的主体世界无疑十分重要，因为它固然不能改变人生的长度，但是却确实可以改变人生的宽度和厚度；它固然也不能改变人生的起点，但是却确实可以改变人生的方向和终点。具体来说，美学的介入，让我们学会如何看待人生。"看待"，指的是怎么看，是观点或者世界观。例如：我们该怎么看待审美（观点：审美对于个人的成长是十分必要的）。美学的介入，还让我们学会如何对待人生。"对待"指的是怎么做，是对策或者方法。例如：你打算怎么对待审美（对策：我打算认真学习审美，让自己的生命更加璀璨夺目）。美学的介入，也让我们学会了善待人生。"善待"，指的是以无私的爱心去成就自己。

其次是世界之成为世界或者世界其世界。

当今世界的主题是和平与发展。其中和平指的是人与人的关系——国家与国家的关系——民族与民族的关系，发展则指的是再从人与人的关系到国家与国家的关系到民族与民族的关系，再到人与自然的关系。这就犹如中国古代的"万物一体之仁"要从"亲亲"扩大到"仁民""爱物"。在此意义上，"世界之成为世界""世界其世界"，也就"理应""应该"是把包括从人与人的关系到国家与国家的关系到民族与民族的关系再到人与自然的关系在内的世界按照"美的规律"去予以重建。因此，相对于美学的主导价值、引导价值所建构的主体世界以"美的名义"重建自我，美学的主导价值、引导价值所建构的客体世界则是以"美的名义"重建自然，以"美的名义"重建社会，以"美的名义"重建艺术。

以重建社会为例，它指的是以"美的名义"对于"社会"的人道省察，也指的是以"美的名义"对于"社会"的重建，是"自然界向人生成"在社会层面的审美呈现，也是人类试图"在社会方面把人从其余的动物中提升出来"①。

这就包括——

首先，社会的重建一定要以人为主。

其次，社会的重建一定要以人的精神价值为主。

再次，社会的重建一定要以人的精神产品为主。我们不妨回顾一下凯恩斯在1932年发出的惊世预言："'经济问题'将可能在100年内获得解决，或者至少是可望获得解决。这意味着，如果我们展望未来，经济问题并不是'人类永恒的问题'。……回首过去，就会发现，迄今为止，经济问题、生存竞争，一直是人类首要的、最紧迫的问题——不仅是人类，而且在整个生物界，从生命最原始形式开始莫不如此。因此，显而易见，我们是凭借我们的天性——包括我们所有的冲动和深层的本能——为了解决经济问题而进化发展起来的。如果经济问题得以解决，那么人们就将失去他们传统的生存目的。……那些经过无数代的培养，对于普通人来说已是根深蒂固的习惯和本能，要在几十年内加以悉数抛弃，以使我们脱胎换骨、面目一新，是难乎其难的。……当从紧迫的经济束缚中解放出来以后，应该怎样来利用它的自由？科学和复利的力量

---

① 中共中央马克思恩格斯列宁斯大林著作编译局编译：《马克思恩格斯文集》（第9卷），人民出版社2009年版，第422页。

将为他赢得闲暇，而他又该如何来消磨这段光阴，生活得更明智而惬意呢？"①同样值得注意的是，未来学家阿尔文·托夫勒在《未来的冲击》中也提醒我们："我们正从'肠子'经济前进到'精神'经济，因为要填满的肠子只有这么多。"②那么，正确的回应何在？西托夫斯基的看法是："如何将快乐引进经济学？"在这里，所谓"快乐"，也可以理解为马尔库塞的"非压抑的文明"的改造，它是一种"超压抑的文明"。具体来说，西托夫斯基认为，人类的商品和服务分为两类：一类是起着降低心理兴奋程度作用的，所谓舒适的商品和服务；另一类是起着刺激心理兴奋程度作用的，所谓刺激的商品和服务。前者，西托夫斯基称为"防御性产品"；后者，西托夫斯基称为"创造性产品"。遗憾的是，人类迄今为止所取得的最大成功，都基本是"防御性产品"的极大丰富。"无快乐的经济"，就是西托夫斯基对当下经济所做的判断。③而今我们亟待去做的，应该是"创造性产品"的极大丰富。这也就是所谓的"快乐经济"。

---

① 凯恩斯：《预言与劝说》，赵波、包晓闻译，江苏人民出版社1997年版，第357—359页。

② ［美］阿尔文·托夫勒：《未来的冲击》，孟广均等译，新华出版社1996年版，第199页。

③ 参见［美］提勃尔·西托夫斯基：《无快乐的经济》，高永平译，中国人民大学出版社2008年版。

最后，社会的重建一定要以人的精神生产为主。

总之，这意味着把世界与人生都"按照美的规律建造"（马克思）成为一个"有形式的意味"世界、一个"外观的王国"。从而，世界之为世界已经不再是意在满足人类自身肉体的要求，而是意在满足人类自身的精神需要。显然，借助"按照美的规律建造"（马克思），物质世界全然被形式化了。因为自然进化的方式已经无法满足人，通过改造物质世界的方式也还是已经无法满足人，在走过了宗教文化与科学文化的漫漫长途之后，人类已经深刻意识到了物质世界的不足，以及在物质世界中去寻求满足的无奈。于是，也就开始走向了借助物质世界去创造一种形式的物质世界从而使得情感得以自由展现的全新道路。这是一个意识"创造"存在的世界。精神为内容，物质为形式，是精神化的物质，也是物质化的精神。在这里，人类的真正解放和充分发展全然并不在于物质世界的改造与物质世界的享乐，而在于超越物质世界的改造与物质世界的享乐，让物质世界彻底精神化。这种"精神化"，使得物质世界因此也就不再作为内容而起支配作用，而是作为形式而转而被支配。同时，这种"精神化"也并不是按照人的主观意愿去改造物质世界，而是以物质为形式、以精神为内容，从而彻底摆脱物质世界的纠缠，推动着物质世界变成形式世界来为人类的精神满足服务。物质世界转而神奇地作为形式而存在，而不再作为内容而存在。形式化了的物质，使得情感在其中得以自由呈现，也使得人的精神进入一个自由天地，从而满足人类自身的精神需要。

无疑，从新"轴心时代"、新"轴心文明"——生命模式，或者从美学时代——生命美学——中华美学，抑或从超越文学的大美学——第一哲学，意味着人类自身价值观的根本转换，意味着不再是盲目追求有限资源、有限价值，而是转而追求无限资源、无限价值。过去往往是"远水不解近渴"，而现在却亟待转向"远水才解近渴"。人之为人，关键不在物质改造、物质享乐，而在于精神解放、精神愉悦。过去我们的错误在于从动物水平去满足自己，于是也就必然体现为对于物质的依赖。而今我们亟待实现的根本转变是：要从文化的水平满足自己。这样，物质的法则也就不再有效，重要的是精神的法则、美学的法则。因此，我们要转向信仰与爱，转向美与艺术等无限资源、无限价值，转向梭罗所称道的那些生活中的"永不衰老的事件"。这样，外在世界也就不再是以内容来与我们发生关联，而是以形式来与我们发生关联。过去我们关注的只是外在世界的消费价值——在被使用中才能够体现的价值，这当然也不能说不是外在世界的价值，但是，外在世界的在消费价值背后的生命价值却被我们有意无意地忽略了。但是，相对于外在世界的消费价值，外在世界的生命价值毕竟才是外在世界的价值之中的终极价值。而现在，我们要做的，也就是让外在世界的生命价值——这一外在世界的价值之中的终极价值完全得以呈现而出——就类似外在世界在审美活动中的呈现。这样，外在世界也就最终得以与人类一样，同属于宇宙大生命与人类小生命的生命共同体之中的一个必不可少的亲密成员，从而也就得以"溢出"审美活动、"溢出"艺术作品，第一次在现实世界中也以形式化自然的面目出现。或许，这就是所谓的"相看两不厌"、所谓的"明月清风我"？！①

①　在这里，一方面亟待从"以结果为导向"回到"以过程为导向"，从"A为B"的活动回到停留于"A"、欣赏于"A"、享受于"A"、品味于"A"、玩味于"A"的活动。因此，道路不是曲折的，前途也不是光明的，而是道路即前途，前途即道路。同样，生命即意义，意义即生命。生命的舞台就是"今天"，没有"过去"，没有"未来"。不是永恒的生命，而是永恒的创造。不欲其所无，穷尽其所有。人世之上没有幸福，晨昏之外别无永生。不朽就是日复一日的日子。因此，不存在完美的答案，能够寻求到的也只有最优解。这样，重要的也就只是：对生命说"是"，对现在说"是"，而对未来说"不"。另一方面，亟待从有限游戏向无限游戏转换，也从追求有限价值向追求无限价值转换。在你有我无、我有你无的有限资源面前"毅然转身"，去直面你有我也有、我有你也有的彼此能够共享的无限资源。对此，可参见我的《生命美学》（河南人民出版社1991年版）、《诗与思的对话——审美活动的本体论内涵及其现代阐释》（上海三联书店1997年版）、《没有美万万不能——美学导论》（人民出版社2012年版），同时可参见加缪的《西西弗神话》（杜小真译，商务印书馆2018年版）以及詹姆斯·卡斯的《有限与无限的游戏》（马小悟、余倩译，电子工业出版社2013年出版）。

第四章　关于生命美学的"首创"与"独创"

一、"首创"与"独创"是美学研究的生命

中国的改革开放已经走过了四十余年的路途，美学研究同样也已经走过了四十余年的路途。因此，理所当然，关于中国当代美学史的研究也已经被提上了议事日程，成为一个全新的学术领域。也因此，对于国内美学界的那些率先涉足中国当代美学史的研究者们的筚路蓝缕的工作，我一直深怀敬意。不过，也正是因为刚刚开始开疆拓土，因此，也同时暴露出了一些值得关注的问题，甚至，还同时存在着一些遗憾。

例如，其中的一个突出的问题与遗憾是：在目前国内美学界的那些率先涉足中国当代美学史的研究者们的研究成果之中，或多或少都存在着中国当代美学研究与中国当代美学史研究彼此完全混同的误区。由此，"首创"与"独创"的问题，往往也就未能引起高度的重视。

由此我想起了南京大学的校友、著名物理学家吴健雄的往事。

当时，因为证明过杨振宁、李政道的"宇称不守恒"，人们一般都认为她应该与杨振宁、李政道一起荣获诺贝尔奖，但是，结果却没有。

有人认为，这是因为另外一位物理学家莱德曼也提供了证明。可是，诺贝尔奖最多只授予三人。因此，两位证明者就名落孙山了。

其实，即便没有莱德曼的实验，吴健雄也无法和杨振宁、李政道一起分享诺贝尔奖。因为，第一，她用的证明方案本来就是杨振宁、李政道提出的几种证明方案中的一种（而且是第一种）。第二，吴健雄只是检验了宇称不守恒，而不是发现了宇称不守恒。她在宇称不守恒上的功绩远小于李政道和杨振宁。

因此，吴健雄也就没有荣获诺贝尔奖。这是合乎学术规则的，而且也是情理之中的。

由此反观目前的中国当代美学史的研究，就不难看出问题的所在。

当代美学研究何以成史？最重要的，无疑就是厘清美学研究具体的逻辑进展：谁提出了问题？谁增进了问题的拓展？谁把问题予以了提升？谁在其中做出了根本贡献？谁是其中的集大成者？总之，诸如"首创"与"独创"之类的问题，才是当代美学历史的研究所亟待恪守的底线。何况，我们在研究中西美学史的时候，也都是这样做的，也就是所谓的"历史与逻辑的统一"。倘若如此，则写出的必然是客观、公正的"信史"。古人云："古有可亡之国，无可亡之史。"也正是因为这样的"史"是"信史"！可是，倘若不是如此，倘若不尊重"首创"与"独创"，这样的"史"也就毫无客观、公正可言。本来，"以史为镜，可以知兴替"。而且，我们也十分希望"让历史告诉未来"。然而这告诉未来的"史"、为镜的"史"，必须是客观、公正的"史"即"信史"；如果这"史"是"哈哈镜"，是歪曲的"史"，那怎么"知兴替"，又怎么让它去告诉"未来"？类似"文革"中把井冈山朱毛会师篡改成毛林（彪）会师之类的现象，现在不是也早已沦为了笑柄？同样，当代美学史的研究也如此，倘若并不尊重"首创"与"独创"，而往往只是像介绍劳模的工作成绩一样把自己心仪的或者头衔多的、官位高的某个学者选出来，作为代表，而且并不实事求是地在中国当代美学的史实中，无可辩驳地同时也令人信服地讲清楚他们较之其他人的"首创"与"独创"之处，而只是甲乙丙丁地介绍一番……这样的当代美学史研究能够令人信服吗？这样的当代美学史研究是否会出现"说你行，不行也行；说你不行，行也不行"的情况？而且，其中

"史"的线索其实完全是若明若暗。因此，它是中国当代美学的研究还是中国当代美学史的研究，也实在难以分辨。

对于生命美学的评价也是如此。众所周知，生命美学的出现并不是孤立的，而是直接与置身改革开放四十余年的大背景下的中国当代美学的发展密切相关。例如，生命美学是在与实践美学的长期论战中脱颖而出的。实践美学有其历史功绩，这毋庸置疑；但是，实践美学也有其缺点，这同样毋庸置疑。而对于实践美学的批评，实事求是而言，无疑也应该是生命美学的"首创"与"独创"。但是，鉴于当下对于实践美学的批评已经并非难事，也已经很难想象到在过去倘若公开批评实践美学会意味着多么大的风险。因此，现在出现了不少学者，在批评实践美学已经没有任何风险而且也已经成为时髦的时候，纷纷自称自己是实践美学的最早批评者，更有人时时在有意无意地把批评实践美学的"事迹"算在自己的身上。还有一些学者，因为时代久远，也因为对于当时的情况缺乏实事求是的研究，在谈及这一段史实的时候也会出现种种张冠李戴的谬误。

然而，历史的真相却难以掩饰，更难以篡改。我常说，在这里，唯一的标准无疑应该是去考证公开发表论文或者论著的时间。

例如，一般认为，后实践美学的发端是1994年，这是因为在这一年杨春时先生发表了为"后实践美学"颁发出生证的论文

《超越实践美学，建立超越美学》（《社会科学战线》1994年第1期）。对此，我没有异议。不过，倘若论及国内最早的对于实践美学的批评以及对于美学新说的提倡，则不能从1994年算起。因为早在20世纪80年代中叶，高尔泰先生以及我本人就已经开始刊发相关论文了。因此，应该将在1994年之前的对于实践美学的批评以及新观点的提出确认为最为重要的前驱，才符合美学历史的实际情况，也才是真正尊重美学历史。例如，高尔泰先生的《美的追求与人的解放》一文是最早批评实践美学的"积淀说"的，时间早在1983年，见1983年第5期的《当代文艺思潮》。而我本人也早在1985年就发表了《美学何处去》，早在1989年出版的《众妙之门——中国美感心态的深层结构》里已经提出"美是自由的境界"，提出"现代意义上的美学应该是以研究审美活动与人类生存状态之间关系为核心的美学"，"文学艺术具有比反映重要得多的使命、职能，这使命、这职能就在于文学艺术是人类生存的世界，是此在的世界，与科学和伦理相比较，文学艺术更深地触及了人类的生存之根"。[①]继而，又在1990年发表了《生命活动——美学的现代视界》（《百科知识》1990年第8期）。因此，倘若以最早批评实践美学并且提出美学新说而论，

---

① 潘知常：《众妙之门——中国美感心态的深层结构》，黄河文艺出版社1989年版，第4、336页。

这几篇文章无疑才是目前公认的最早的经典文献。

由此出现的谬误，可以在《学术月刊》编辑部编辑的《实践美学与后实践美学——中国第三次美学论争论文集》（生活·读书·新知三联书店2019年版）一书中看到，这本书堪称功德无量。作为当事人，我每次阅读，都立即嗅到了字里行间弥漫着的中国第三次美学论争的硝烟。但是，严格深究，这本书中却也有原本可以避免的瑕疵。①

例如，这本书认为批评实践美学的序曲是从1993年之际陈炎发表在1993年第5期《学术月刊》的《试论"积淀说"与"突破说"》一文开始的，这无疑距离历史真相甚远。因此，这无疑应该是该书的一个小小的瑕疵。陈炎的文章固然有其历史地位，但是，高尔泰以及我本人发表同类文章的时间，都要比他早得多。而且，高尔泰的《美是自由的象征》一书是1986年出版的，我的《生命美学》一书是1991年出版的，因此，暂且不以论文论，即便是批评实践美学并提出美学新说的专著也都早于陈炎的那篇批评文章。显然，以陈炎的那篇文章作为国内美学界第一个引发对于实践美学的批评的开端，在美学界可

---

① 当然，在该书编辑撰写的"编选说明"中已经明确提到："陈炎、潘知常、张弘、朱立元、董学文、张玉能、周来祥等重要美学家，都参与到此次讨论中"，"我征求了当时最活跃的学者如杨春时、朱立元、张弘、潘知常等人的意见"。但是，遗憾的是，我拿到书后看了一下，我所提出的修改意见却一条都没有被采纳。

能很难服众，更可能会引起学术争鸣。遗憾的是，在我明确提出异议的情况下，《学术月刊》在后来的文章编选中却仍旧并没有考虑我的上述建议。究其原因，可能是想强调《学术月刊》在这场大讨论中的引领作用，想以它所刊登的文章作为这场大讨论的开端，甚至作为国内美学界批评实践美学并提出美学新说的起点、中国第三次美学论争的起点。当然，我也十分看重该刊的推动作用。在我看来，没有《学术月刊》，很可能就没有这一次的大讨论。但是，这却并不代表就可以无视历史事实甚至隔断历史事实。在整个20世纪80年代，其实是实践美学一统天下，敢于提出自己的不同意见，而且敢于公开发表，无疑是需要敏锐的学术眼光和无畏的学术勇气的。

　　该书的其他问题还有一些。例如，我的《实践美学的本体论之误》（原来的题目是《美学的困惑》）当时与杨春时的《走向后实践美学》一文一起，都是《学术月刊》同时约稿的，也都属于意在引起讨论的重要约稿。他的文章是发表在1994年5期，作为第一篇；我的文章则是发表在1994年12期，作为第二篇，而且，这也是那场讨论中的第二篇重要文献。但是，在编选《实践美学与后实践美学——中国第三次美学论争论文集》一书的时候，尽管我正式提出了不同意见，但是杨春时的文章按照历史事实被放在了最前面，我的这篇文章却出人意料地被放在了远远的后面，与杨春时的文章之间隔了27

篇文章。这显然不符合历史真实。对此，在2018年12月召开的《实践美学与后实践美学》新书发布会上，朱立元先生在发言中也曾经专门指出，认为这是一个失误，是完全违背了历史事实的。

由此我还要指出，现在一般学者都开始接受实践美学、后实践美学、新实践美学的说法。然而，在我看来，这个说法却存在诸多的问题，特别是后两个概念，十分混乱而且经不起认真的推敲，并且因此而使得美学研究中的"首创"与"独创"被混淆了起来。比如，生命美学是1985年出现的，1991年就已经出版了《生命美学》（河南人民出版社），但是后实践美学却是在1994年才出现的。早在九年前就已经问世的生命美学如果硬要放进后实践美学，那么，后实践美学为什么是从1994年开始？而偏偏不是从生命美学出现的1985年开始？何况，同样被列入后实践美学的体验美学（王一川），却是在1988年就已经出现了，也是远远早于1994年的。而且，新实践美学的出现从时间上说被认为是在晚于后实践美学的2001年，可是，邓晓芒提出的新实践美学却是在1989年，远远早于后实践美学出现的1994年，也远远早于新实践美学出现的2001年。同时，后实践美学与实践美学是外部的区分，类似于汉代与唐代的区分；实践美学和新实践美学却是内部的区分，仅仅类似汉代的西汉与东汉的区分。因此，如果再囫囵吞枣地使用下去，必将制造出许多的混乱，更会给后来的美学史学习者、研究者带来麻烦。本着尊重任何学说、学派的"首创"价值的立场，我建议，今后涉及此类问题，不妨严格根据出现的时间排序来加以指称，例如实践美学（1957，李泽厚）、生命美学（1985，潘知常）、超越美学（1994，杨春时）、新实践美学（2001，张玉能）、实践存在论美学（2004，朱立元）……

再扩大一点，与中国当代美学史有关的，是百年中国的现代美学。对此，李泽厚先生总结为"无人美学"与"有人美学"，这只能被看作率尔之举，无须置评。杨春时先生总结为"启蒙美学"与"现代美学"——"新古典主义美学""后现代美学"。在我看来，这也不尽合适。其实，百年中国现代美学的主旋律其实就是两家：启蒙现代性的美学（从梁启超的社会美学到李泽厚的实践美学）与审美现代性的美学（从王国维、方东美、宗白华的美学到生命美学、超越美学），因为只有它们是贯穿始终的。因此，以审美现代性与启蒙现代性的双重变奏来总结概括百年中国现代美学的历史进程（同时，在百年中国现代美学的历史进程的主旋律之外，也给其他美学流派以公正的地位），是较为适宜的。至于杨春时先生总结的所谓后现代美学诸流派，仅仅在百年中国现代美学的历史中占了十年左右的时间，而且影响也还并不明显，实在难以与启蒙现代性的美学与审美现代性的美学并列。还有所谓的新古典主义美学，30年代的宗白华、方东美甚至朱光潜都是在西方生命美学影响下开始美学研究的，而且隶属于科学与玄学的著名论争，把他们划入审美现代性的阵营，应该更有助于对于他们的积极评价。还有出现在百年中国现代美学的后半段的和谐美学、意象美学、境界美学乃至乐感美学，杨先生把他们作为新古典主义美学，更有拼凑的痕迹。周来祥先生的和谐美学历来就是属于实践美学的，包括他自己也从来都是这样认为的；叶朗先生的意象美学受西方现象学美学影响至深，适宜列入审美现代性美学，而不适宜列入新古典主义美学；陈望衡先生的境界美学中的基本观点都是生命美学在早于他十年之前就全都说过了，例如"美在境界""境界本体""境界美学"，为什么生命美学就是"现代美学"？深受生命美学影响的境界美学却反而成为"新古典主义美学"呢？[1]至于祁志祥先生的"乐感美学"，因为在被杨春时先生列入的时候才刚刚出版了一两年，恕我直言，我认为即便仅以出版时间而论，就还远未达到可以入百年中国现代美学的历史的地步，最为适宜的，应该是等待历史的公正评价与无

---

[1]　顺便提一点我的疑问：我所提倡的生命美学不但是远接西方生命美学，而且更近接中国古代美学，与中国古代美学对于生命的提倡一脉相承，这一点我提示过无数次。而且我在1991年写生命美学的前后，还在1989年出版了《众妙之门——中国美感心态的深层结构》《美的冲突》，又在1993年出版了《中国美学精神》，但是，为什么生命美学就不是新古典主义美学？

情沉淀。因此，我不予评价。还有一点，杨先生总结的"启蒙美学"与"现代美学"，我也有不同意见。主要是，"启蒙美学"也具现代性，但是现在在名称中未能予以积极认可，而"现代美学"的概括却失之于宽泛。我们必须追问，是什么样的"现代美学"？至于杨先生除了把个别的几个学人列专节介绍以外，剩下的学人则不管影响大小以及"首创"时间早晚、"独创"地位高低，统统都列为一小节来同等处理，可能也有点简单粗暴了。

二、完全无视生命美学的"独创"与"首创"

还有一种情况，是完全无视生命美学的独创与首创。

以徐碧辉研究员的研究为例。2019年4月24日，中国社会科学院哲学研究所美学室在京举办了主题为"反思美学在华百年发展历程、展望美学未来发展方向"的学术研讨会。来自北京大学、北京师范大学、北京第二外国语大学跨文化研究院、北京语言大学、中国艺术研究院、首都师范大学、南开大学、中国社会科学杂志社，以及中国社会科学院哲学研究所美学室的研究人员和哲学研究所在读博士后、研究生等近三十人参加会议。研讨会共分为三个环节，前两个环节是围绕主题发言和讨论，最后是围绕《美学》以及如何办好学术刊物进行探讨。我看到，徐碧辉研究员首先介绍了此次研讨会的主题以及宗旨，并且提出了自己的具体判断："创立独具中国特色的、以实践论为哲学基础、以自由为核心、以包含美善相融的审美形而上学为旨归的中国实践美学。这是百年中国美学最具理论和现实价值的成果，是欧洲古典哲学与中国传统哲学融汇而成的具有'中国特色''中国风格'，同时又有世界眼光的理论成果。它不仅融贯中西，也汇通古今。"

碧辉研究员一贯坚定不移地坚守实践美学立场，这众所周知。而且，她的文章也一向严谨求实，发人深思。不过，她的这一论断我却无法苟同。

这是因为：

第一，倘若论及李泽厚个人的学术成就，百年中国美学中被郑重提及，甚至以他为最，我认为都是可以支持的。不过，因为还有王国维、朱光潜、宗白华等大师的存在，因此以我个人之见，还是不宜单独以李泽厚为最。但是，倘若在百年中国美学中坚持以实践美学为最，那可能就会引起争议。因为，就"独创"而言，实践美学的贡献自不待言，无可否认；但是，倘若就"首创"而言，却可能存在截然相反的不同意见。

第二，在百年中国美学的历程中，实践美学一统天下的时间大约只有十年①，然后就遭遇了数十年之久的高尔泰（1983）、潘知常（1985）、杨春时（1994）、张弘（1995）等众多美学学者的挑战。而且，不同意这挑战的固然不乏其人，但是完全否定这挑战的，以我所见，应该是基本没有。那也就是说，实践美学的缺憾与修补是公认的，也因此，生命美学（1985，潘知常）、超越美学（1994，杨春时）所带来的美学进步也是公认的。然而，现在碧辉研究员的论断却会让我们产生联想：实践美学根本就没有缺憾，后实践美学的挑战则完全就是庸人自扰。这显然不符合历史事实。

　　第三，实践美学提出的"实践视界"无疑是有历史贡献的。但是，生命美学提出的"生命视界"超越美学提出的"超越视界"，乃至生态美学（2001，曾繁仁）提出的"生态视界"，也都是有着同等的历史贡献的。在总结百年中国美学的历程时，倘若连生命美学提出的"生命视界"、超越美学提出的"超越视界"，乃至生态美学提出的"生态视界"都不予承认，而且一定要独尊实践美学，这未免有失公允。②

----

　　①　相比之下，在20世纪，从王国维到宗白华、方东美到80年代崛起的生命美学却是贯彻始终，涵盖了全部的百年。

　　②　我看到李泽厚在新著《从美感两重性到情本体——李泽厚美学文录》中单独对"生态美学""生命美学"和"超越美学"予以批评，认为都是"无人美学"。在我看来，倒恰恰是李泽厚对于这三家美学的"看重"，也从侧面说明了这三家美学的重要影响。

第四，实践美学在遭遇了生命美学（1985，潘知常）、超越美学（1994，杨春时）的挑战之后，已经出现了十分根本的从"工具本体"到"情本体"的立场转换。因此，碧辉研究员如果肯定的是"工具本体"的实践美学（这在美学界确实曾经有众多追随者），那么，连李泽厚自己也已经有根本修正；碧辉研究员如果肯定的是"情本体"的实践美学，那么，它其实已经不再是过去所谓的实践美学了（而且，这种看法在美学界也并没有多少追随者）。既然如此，碧辉研究员所肯定的"百年中国美学最具理论和现实价值的成果"又究竟是哪一个呢？

第五，实践美学在遭遇了后实践美学的挑战之后，其自身的阵营已经大大缩水。"新实践美学""实践存在论美学"等，其实也都不是"实践美学"派别，而是"美学实践"派别了。因为李泽厚所固守的"物质实践"底线在他们那里都不复存在。为此，连李泽厚自己对它们也都是始终不予承认的。这样一来，碧辉研究员所肯定的"百年中国美学最具理论和现实价值的成果"，又具体包括了哪些学者的理论成果呢？尤其是在第三次美学大讨论之后的这几十年，这"百年中国美学最具理论和现实价值的成果"又体现在哪里？总不应该是出现了长度为数十年的一大段空白吧？

第六，百年中国美学要以实践美学为最，那起码它的美学基石——"实践视界"就必须牢不可破。但是众所周知，数十年来，"实践视界"早已经摇摇欲坠。因为，"实践视界"的两大基石已经根基不稳。其一是"劳动创造了美"，现在已经明确被改译为"劳动生产了美"；其二是以制造工具作为人的根本特征，这一点也早已经被多学科的科学研究推翻，动物也能够制造工具，已经是公认的事实。何况，恩格斯所强调的"劳动和自然在一起才是一切财富的源泉"，也已经令实践美学的独尊劳动说不胜尴尬。何况，恩格斯还说：只是"在某种意义上"，才"不得不说：劳动创造了人本身"。[1]在此情况下，断言在百年中国美学的探索中以实践美学为最，是否有些过于仓促？

第七，碧辉研究员断言实践美学是"具有'中国特色'‘中国风格'，同时又有世界眼光的理论成果。它不仅融贯中西，也汇通古今"。然而，诸如此类的这些可能也需要事实的支持。起码，在中国古代美学中我们并没有看到固执制造工具的物质劳动的实践美学的先声，因此，所谓"具有'中国特色'‘中国风格'"又究竟是从何谈起的？而在西方美学之中，最少是在近百年的西方美学家中我们都始终没有看到对于

---

① 中共中央马克思恩格斯列宁斯大林著作编译局编译：《马克思恩格斯文集》（第9卷），人民出版社2009年版，第550页。

固执制造工具的物质劳动的实践美学的普遍的支持者，那么，实践美学的"世界眼光"又体现在何处呢？难道是因为近百年里西方的美学家们都不曾"首创"并且"独创"过固执制造工具的物质劳动的实践美学，因此实践美学才具备了"世界眼光"？何况，我们在漫长的中国美学历程中看到的都是生命美学，在中国现代美学的历程中看到的也是生命美学，哪怕是在台湾地区，我们看到的，也还是生命美学。①

我还陆续见到一些借批评生命美学以抬高其他学派的文章，例如2018年第12期《上海文化》刊登的石长平教授的文章《实践是生命存在的方式——实践与生命美学、存在论美学之关系散论》。本来，文章的标题就意识到了"生命存在"的重要性了，但是却要拐弯抹角地论证"生命存在"的存在方式偏偏是"实践"。我就不明白了，为什么就不能有话好好说，说成生命活动就是"生命存在"的方式呢？何其文通字顺？"实践是生命存在的方式"？那除非"实践"是一个与"生命活动"对等的存在方式，否则"生命存在"总是会有其他的不是"实践"的存在方式吧？不过这些我都不想予以置

---

① 龚鹏程："唐君毅、牟宗三、柯庆明、徐复观、高友工、方东美、史作柽等人，都不太讨论一般的艺术与审美原则，而直接就艺术与生命、价值存有、方法等处申论。其美学或称为生命美学。"见龚鹏程编著：《美学在台湾的发展》，台湾南华管理学院1998年版。

评。我十分惊诧的是，他认为："中国生命美学并非前进了，而是退回到马克思之前的旧唯物主义，甚至是客观唯心主义美学那里了。"我不关心"实践存在论"是否是从马克思"退回到"海德格尔，而且也不关心一个动态的"实践"（去做、去动手）怎么竟然会与一个静态的"存在"结合到一起？我只想问：生命美学始终坚持的是"自然界生成为人"，并且因此而区别于实践美学的"自然的人化"，实践美学都没有"退回到马克思之前的旧唯物主义，甚至是客观唯心主义美学那里"，怎么同样从马克思的原话出发的生命美学就如此不堪，竟然一路溃退，径直"退回到马克思之前的旧唯物主义，甚至是客观唯心主义美学那里"去了呢？"自然界生成为人"为什么就应该是"马克思之前的旧唯物主义"？甚至是"客观唯心主义的美学"？还有他声称的"'苍天已死，黄天当立'（比如《生命美学：崛起的美学新学派》）的舍我其谁的豪壮宣言"。对此我要说，生命美学诞生于1985年，如果诞生于2004年的实践存在论美学都可以自称为一个学派的话，早于它十九年诞生的生命美学自称为一个学派，应该也是可以容忍的吧？生命美学毕竟已经诞生了三十八年之久了。何况这篇文章并非潘门的学生所写，完全区别于自己组织自己的学生出面写文章以彼此擂鼓相应的方式，而只是一个与潘门并无关联的学界教授写的自己的看法，如何谈得上是"豪壮宣言"

呢？而且，我作为生命美学的提出者，三十八年来从来没有组织自己的几个学生写几本书来研究自己提出的生命美学，即便是近期出版的《生命美学：崛起的美学新学派》（郑州大学出版社2019年版）中收录了包括二十一位教授、三位副教授在内的二十几位学者评论生命美学的文章，其中也没有一篇是我带过的研究生弟子所写的文章，这应该已经能够说明问题了。有书评对此就专门评论说："这才是学术界的一股清流，对得起美学这个学科。"①因此，生命美学何曾"豪壮"过？更遑论"舍我其谁"了！而且，对于其他学派，生命美学也始终都是友好相向的，从来都是坚持百家争鸣的。②南京大学美学与文化传播研究中心与厦门大学中文系联合召开的"首届美学高端战略峰会"一视同仁地邀请了美学界各个门派的领军人物赴会，我主编并且补贴全部出版费用出版的"中国当代美学前沿丛书"，第一批五本，介绍的也是实践美学（1957，李泽厚）、生命美学（1985，潘知常）、超越美学（1994，杨春时）、新实践美学（2001，张玉能）、实践存在论美学

---

① 姚克中：《中国传统文化的美学转型——一个"局外人"读〈生命美学：崛起的美学新学派〉》，《美与时代（下）》2020年第3期。

② 须知，在学术争鸣时生命美学固然会尖锐指出对方的不足，甚至断言其已经没有了生命力，这是一回事；但是，在美学史的评价方面，生命美学却是绝对不可能去宣称什么"苍天已死，黄天当立"的。因为，这完全是另外一回事。

（2004，朱立元）……现在，只是因为有一位生命美学师门之外的专家教授出面说了一句"生命美学也是一个学派了"之类的话，石长平教授就如此无法容忍？坦率而言，石长平教授只许"州官放火"却不许"百姓点灯"，应该是失之公允的。

下面，我重点以祁志祥教授的中国当代美学史的研究为例。

2018年3月，祁志祥教授出版了自己的新著《中国现当代美学史》。2018年8月，他又出版了《中国美学全史》。其中，都涉及了改革开放以后的中国当代美学研究。其中的开拓之功，令人感念。但是，仔细拜读一下，却立即会发现不少问题，例如，既然敢于自称《中国美学全史》，那起码要对蒙古族、藏族、维吾尔族、苗族等众多民族的美学思想都加以认真总结吧？可惜，这一切却恰恰是该书的一大不足。既然已经称为"全史"，那当然就是作者已经断定汉族之外的其他民族都根本没有任何的美学思想了。可惜，事实完全不是这样。[①]不过，我在这里要说的还并非这些，而只是他的中国当代美学史研究的部分，而且，也仅

① 该书比较适当的名称似应当是《中华美学全史》。

仅只涉及他的新著中的诸多"硬伤"。①

例如，挂一漏万。同期的实践美学学派的美学家，在介绍了李泽厚、蒋孔阳、周来祥之后，却只字不提刘纲纪。可是，在实践美学的创建中，论及刘纲纪的贡献，美学界一般都认为刘纲纪应该是与这几位先生同等的。可是，该书却厚此薄彼，对刘纲纪根本就不予提及。坦率而言，这样的判断，我还是第一次看到。我看到有书评介绍说：在该书中，"如果没有创造出有学术价值的成果，哪怕这些学者地位高、名声大，也有所不取"。那么，也许，唯一合理的解释，是祁志祥教授

---

① 顺便提及一下，祁志祥教授的新著颇具创意地借助自己撰写《中国现当代美学史》的捷径，近水楼台，干脆直接把自己的研究成果也写进了自己所著的《中国现当代美学史》之中。他的专著《乐感美学》在2016年才刚刚出版，可是，仅仅一年的时间，在2017年，就已经被他自己亲手写进了时间跨度为将近七十年的《中国现当代美学史》，而且隆重地放在了最后一章的压轴的位置。并且，还自我定位为"中国特色美学学科体系的构建"——这定位，让人不由得联想起"中国特色社会主义"等著名定位。作者以自己的研究收束、概括全部的中国当代美学史研究成果的用心昭然若揭。可是，如此做法是否得当？对此，我个人完全存疑！何况，我也翻阅了手边的中国美学史乃至世界美学史的种种著作，意外发现，祁志祥教授的新著中的如此做法不论是在国内还是在全世界，都实为仅见，也实为特例。而且，还必须一提的是，即便是他的这本在2016年刚刚出版的专著，也已经迅即被公开质疑为"不遵守逻辑规范滋生的学术泡沫"（参见2018年第2期《中国社会科学评价》）了。当然，我并不认为祁志祥教授的新著就是"学术泡沫"，但是，它所引发的质疑却会令人察觉：也许，它距离被隆重地写入《中国现当代美学史》的压轴位置，应该还存在较大的差距！因此，作者的这一做法，应该说，是失之审慎的，并且也是大大降低了该书的学术品位的！

认为：刘纲纪的美学研究"没有创造出有学术价值的成果"，因此即便"地位高、名声大，也有所不取"？还有，该书提及了曾繁仁的生态美学，却偏偏只字不提陈望衡的环境美学，然而，就以环境美学研究的实际贡献而论，陈望衡无疑实在是不应该被如此地予以忽视的。可是，为何又厚此薄彼？再如，在专章提及了"实践存在论美学"的创始人朱立元之后，却只字不提与之齐名的"新实践美学"的创始人。可是，邓晓芒等的新实践美学却是在1989年提出的，张玉能的《新实践美学论》也是2007年由人民出版社出版的，朱立元等主编的"实践存在论美学"丛书则是在2008至2009年间推出的。因此，与前者相比，朱立元的"实践存在论美学"的问世落后了二十年，与后者相比，则问世时间大体相同。当然，也正是因为上述原因，美学界在提及的时候，从来都是把这三者连在一起的，可是，何以在祁志祥教授的新著中却只提朱立元的"实践存在论美学"（以朱立元美学研究的成就而言，这当然是应该的），而对邓晓芒、张玉能的"新实践美学"却只字不提呢？难道是因为他们的美学研究"没有创造出有学术价值的成果"，因此即便"地位高、名声大，也有所不取"？另外的例子，还可以举出张世英的美学研究。祁志祥教授的中国当代美学史的研究专门列出了五人（杨春时、朱立元、陈伯海、曾繁仁、叶朗。当然，其实是六人，因为还有祁志祥教授自己），并给以专节的介绍。可是，在我看来，既然如此，相比之下，那张世英的美学研究就无论如何都不能只字不提。这一点，只要看看在叶朗的美学研究中对于张世英的研究的不断援引，就已经足可证明。而且，相信很多美学同人也都已经发现，在祁志祥教授的中国当代美学史的研究中，对于张世英竟然惜墨如金，无论如何都堪称是一个明显的缺憾。难道，祁志祥教授又是同样地认为：张世英的美学研究也"没有创造出有学术价值的成果"，因此即便"地位高、名声大，也有所不取"？

又如，避重就轻。该书中花了大量篇幅去总结"方法论热中涌现的美学新说""心理学热中的美感研究成果""新时期文艺美学的价值转向"，可是，众所周知，这三者中的第三项，无疑是片面的（而且，关于文艺美学的开创者，他列举了那么多的学者，却偏偏漏掉了作为文艺美学的提倡者之一的王世德）。因为除了"新时期文艺美学的价值转向"，其实还同样存在着"新时期中国美学、西方美学、中西比较美学、审美文化、西方马克思主义美学、生活美学等诸多的价值转向"，而且硕果累累，甚至要比文艺美学研究的影响更大，更不要说，其中还名家众多。可是，十分奇怪的是，除了文艺美学，该书对于其余的诸多的"价值转向"尤其是其中的诸多名家却完全视而不见。难道他们都"没有创造出有学术价值的成果"，因此即便"地位高、名声大，也有所不取"？当然，祁志祥教授会辩解说，他的新著只关注美学观，不关注具体的美学门类的研究。可是，文艺美学也不是美学观，而只是具体的美学门类研究，它与中国美学、审美文化等是完全同类的，那么，又为什么或取或舍呢？①

另外，这三者中的前两项，其实都只是改革开放四十年美学研究中的一个非常短暂的片段，不但占时很短（两三年而已），而且影响也不大，取得的成果更大多未能真正在学术史上立足。而且，还大多是在20世纪80年代完成的。而在20世纪80年代之后，还有诸多美学"热点"的出现，但是，祁志祥教授的新著却一概避而不谈，竟然完全都不予以提及了。似乎从20世纪90年代到现在的将近三十年，美学界就什么"热"

---

① 何况，即便是文艺美学的"首创"问题，也应该说，是由台湾学者王梦鸥在1971年就"首创"的。后来的情况，我们看一下专著的出版即可了解了：胡经之建议创建文艺美学的文章发在《美学向导》（北京大学出版社1982年版）、胡经之主编的《文艺美学丛刊》（1982年起曾出过数期），后来是周来祥《文学艺术的审美特征和美学规律》（贵州人民出版社1984年版）、王世德《文艺美学论集》（重庆出版社1985年版）、杜书瀛《文艺创作美学纲要》（辽宁大学出版社1986年初版、1987年再版）、胡经之《文艺美学》（北京大学出版社1989年初版、1999年再版）、童庆炳《文学活动的美学阐释》（陕西人民出版社1989年版），古典文艺美学专著则有皮朝纲《中国古代文艺美学概要》（1986年）、张少康《古典文艺美学论稿》（1988年）……对比一下，就发现，他虽然列举了将近十个创建者，可是真正的创建者——胡经之却被排在了最后一个。而且，还漏掉了周来祥、王世德、杜书瀛、皮朝纲、张少康（以我之见，还应该有王向峰，他是1990年由国务院评定的文艺美学方向的博导）。这样的中国当代美学史的研究，距离"信史"还是有些差距的。

都再也没有出现，也再无成绩可言。当然，这无疑不是事实！因此，祁志祥教授的新著中的"热点"只写到20世纪80年代为止，未免会令人生疑！

由此，就要说到生命美学了。

改革开放四十年，真正影响全局而且延续至今的美学热点，无可置疑应该是生命美学（1985，潘知常）、超越美学（1994，杨春时）等的崛起。然而，十分遗憾的是，祁志祥教授的新著除了杨春时的超越美学之外，对于其余的同样十分重要的诸如潘知常的生命美学、张弘的存在美学、王一川的修辞论美学等却完全不予以提及。但是，就以其中的生命美学而论，其影响之大就绝非80年代的那些美学的"方法论热""心理学热"的热点可比。因此，必须说，祁志祥教授的新著对于"后实践美学"中的生命美学等视而不见的做法是完全无视当代美学历史的基本事实的，也是非常片面的。作者可以不同意"后实践美学"包括生命美学等的主张，但是却不能不去郑重提及。因为，这毕竟是当代美学史中的最为重大的历史事实之一。

例如，以参与人数之广泛来看，坦率而言，不是师生结盟，而是学术界自由组合，而且是众多学者自愿参加，这在中国，目前还只有实践美学与生命美学可以做到。就生命美学而言，据范藻教授统计，过去写作过力主生命美学的美学专著或论文的，最少也有潘知常、王世德、张涵、朱良志、成复旺、司有伦、封孝伦、姚全兴、刘成纪、范藻、黎启全、雷体沛、周殿富、陈德礼、王晓华、王庆杰、刘伟、王凯、文洁华、叶澜、熊芳芳……当然，他们的研究角度各异，内容也各有不同，甚至对于生命美学的定义也并不完全相同。但是，也必须看到，在关注"人的生命及其意义"、关注审美活动与人类生命活动之间的结盟这一点上，他们却又是高度一致的。至于写作过关于生命美学的论文的，那参加的作者更是应该以百（人次）计、以千（人次）计了。例如，其中就包括著名哲学家俞吾金教授以及著名文学史专家袁世硕、陈伯海教授。其中，俞吾金教授在2000年的《学术月刊》上发表的《美学研究新论》一文，就明确提出了美学研究要"回到生命"以及"美在生命"的基本看法，等等。也因此，关于改革开放四十年中美学的发展，对生命美学只字不提，是不够妥当的。

更为严重的是前后颠倒。

该书专节提及了陈伯海《生命体验与审美超越》（生活·读书·新知三联书店2012年版），陈伯海是古代文学大家，能够拨冗思考美学问题，实为美学界之幸！然而，他的美学专著只有如前所述的这一本书。在跨度为七十年的当代美学研究中，一本2012年才出版的专著，却能够被祁志祥教授的《中国美学全史》新著隆重推荐，并且陈伯海作为全书专章推出的七十年中包括该书作者祁志祥教授自己在内的六位美学家之一（十分令人不解的是，该书连百年中的朱光潜、宗白华、李泽厚竟都没有列为专门一章，也没有去加以隆重推出），陈伯海的这本书的"首创"与"独创"何在就无疑至关重要。尤其是在该书甚至把刘纲纪、张世英等学界公认成绩卓著的著名美学家都排除在包括祁志祥教授自己在内的六位美学家之外的情况下，对于陈伯海这本书的"首创"与"独创"做出令人信服的评述，就显得更为重要。

可是，奇怪的是，祁志祥教授的新著在介绍陈伯海的美学研究的时候，却从来不去提及国内生命美学研究在他之前的"首创"与"独创"。众所周知，我与国内的大批美学同人一道，从1985年开始，就已经为"生命"这样一个美学视界能够名正言顺地进入当代美学研究的视野而艰辛努力了。[①]将近三十年的时间里，不但备受排斥，而且屡遭批判，更不要说在评奖、申报项目的时候的尴尬与无奈了。无可否认，如果

---

① 程颢曾经自负地说："吾学虽有所受，天理二字却是自家体贴出来。"（《河南程氏外书》卷十二，《二程集》第2册，王孝鱼点校，中华书局1981年版，第424页）同样的是，"吾学虽有所受"，"生命美学"四字"却是自家体贴出来"的。

没有在此之前的这将近三十年的执着努力①，陈伯海《生命体验与审美超越》2012年问世的时候，想必不会十分轻松。②而且，即便是以我为例，还在1991年，我的《生命美学》一书的出版，就已经全面展示了从"生命、超越、体验、审美"的角度研究美学乃至审美体验的诸多方面的探索。到了1997年，我又出版了第二版的生命美学——《诗与思的对话——审美活动的本体论内涵及其现代阐释》。必须强调，我的这本书的主题词，当时在书中就已经明明白白地指出过，那就是"生命、超越、体验、审美"。无疑，这主题词与《生命体验与审美超越》的书名是大体相同的。可是，如果从《生命美学》算起，从"生命、超越、体验、审美"的角度研究美学乃至审美体验，它要比陈伯海的书早了二十一年；如果从《诗与思的对话——审美活动的本体论内涵及其现代阐释》算起，从"生

---

① 尽管后来知道在中国现代美学史上也有学者偶尔提及"生命与美"的关系（但是，彼此的美学取向、立论根基都完全不同，我多次剖析过，他们是支离破碎的，而且是"为了生命"的，而生命美学则是具备了完整的理论体系，而且还是"基于生命"的），但是，因为种种客观的原因，起码在1985年以后的二十年内，国内学者对此也确实都一无所知。因此，当代美学史上的关于生命美学的探索也就不得不完全都是从零开始。

② 我在向杰专门为陈先生的新著所撰写的书评中看到："从陈先生对生命美学的重视来看，生命体验美学归入潘知常教授一直大力倡导的生命美学，应该是没有异议的。"（向杰：《生命体验美学的当代建构——读陈伯海〈回归生命本原〉与〈生命体验与审美超越〉》，《四川文理学院学报》2015年第3期）

命、超越、体验、审美"的角度研究美学乃至审美体验，它也要比陈伯海的书早了十五年。我当然完全不反对该书中对于陈伯海的隆重介绍，但是，本着科学、公正、实事求是的态度，我又当然会认为，既然陈伯海不是国内当代美学中第一个"首创"乃至"独创""生命、超越、体验、审美"研究的，那么，祁志祥教授的新著就理应仔细地指出我在二十一年前或者十五年前的关于"生命、超越、体验、审美"研究的"首创"与"独创"之处都体现在哪些地方，而陈伯海的研究又究竟在哪些地方是对于我在二十一年前或者十五年前的关于"生命、超越、体验、审美"的研究的突破和提升，而且，生命美学的研究者众多，他们的起步时间也大多远在陈伯海之前。因此，他们也同样当然有权利知道，他们关于"生命、超越、体验、审美"研究的"独创"乃至"首创"是什么，陈伯海在他们之后的"首创"乃至"独创"又是什么。遗憾的是，祁志祥教授的新著却没有能够给此前的研究者的辛勤工作以应有的尊敬。以至于，祁志祥教授的新著所给人的感觉竟然是：在陈伯海之前的几十年里，国内关于"生命、超越、体验、审美"的研究根本"没有创造出有学术价值的成果"，真正的"首创"乃至"独创"却只有在2012年之后的陈伯海的研究中才可以看到！

这，无疑是我必须深表遗憾的。①

三、生命美学的"首创"与"独创"被肢解分化为别人的"首创"与"独创"

还有，就是生命美学的"首创"与"独创"被肢解、分化为别人的"首创"与"独创"。在这方面，常见的就是有意无意地缩小生命美学的外延，并且转而分割出去，然后另立山头，作为他人的"首创"与"独创"。当然，这也是可以理解的，但是，再反过来指责生命美学没有这个方面的"首创"与"独创"，就有点令人费解了。

例如近年十分热门的生态美学，国内美学界把生态美学的诞生界定在2003年，而且作为"首创"与"独创"。其实，在充分肯定国内对于生态美学的贡献的基础上，我却又必须强调，生命美学没有提出生态美学，绝对不意味着对于生态问题

---

① 为此，我曾经当面恭请他批评我那本1997年出版的《诗与思的对话——审美活动的本体论内涵及其现代阐释》中的关于"生命、超越、体验、审美"研究的不足。可惜，他却告诉我，他根本没有看过这本上海三联书店出版的关于"生命、超越、体验、审美"研究的生命美学代表作——尽管它要比陈伯海的专著早问世了十五年。而且，我的作为生命美学普及版的《没有美万万不能——美学导论》一书，他也是在2017年10月底的时候才通过微信跟我索要的。可见，我的三本生命美学的基本著作，起码有两本他都根本没有看过。坦率而言，我当时闻言立即不寒而栗！研究中国当代美学，如果是我，哪怕漏看一篇基本文献，我都是不敢下笔的。

毫不关注，而只是并不认为生态问题可以凌驾于全部的美学基本理论问题，因此没有也不愿意去提出生态美学这样一个在生命美学看来也许并不存在的美学新说而已。生命美学确实并不提倡作为美学基本理论的生态美学（但是并不反对作为部门美学的生态美学），但是，这却绝对不等于它同时就无视生态问题甚至无视生态学的研究维度，也绝对不等于一定要等到生态美学的出现才意识到生态问题以及生态学的研究维度的重要。其实，早在生态美学提出自己的"新发展、新视角、新延伸和新立场"之前，准确地说，早在1997年，生命美学就已经敏感地关注到生态问题，并且就已经提示了生态学的研究所给予美学本身的一切可能的启迪。①

还有，就是关于生态美学的称谓。生态美学早期自称为"生命美学的生态美学"，我认为是符合实际情况的。因为它确实与生命美学十分相近。至于后来的自称"生态存在论美学观"，我认为不如"生命存在论美学观"更为适宜，因为没有"生命"，又何来"生态"？再后来，生态美学又自称"生生美学"。确实，"生生"，即"生命的协同共生、绵延不息"，可以称之为："生生之美"。但是，必须立即指出的

---

① 参见潘知常：《诗与思的对话——审美活动的本体论内涵及其现代阐释》，上海三联书店1997年版，第123、137、152页。

是，"生生之美"无疑是存在的，其中对于生态的呵护、尊重，却是引申的含义。由此是否导致的"生生美学"，无疑还亟待斟酌。问题出在，"生生"将"生"字重言，第一个"生"是动词，即"化育"；第二个"生"是名词，即"生命"。因此，"生生"即"化育生命"，借以揭示宇宙生生不息的奥妙，阐明宇宙的创生是一个不停息的过程。这是一种宇宙大化的生生不息的规律。可是，"化育生命"并不一定就是呵护、尊重生命，也仍旧有可能是控制、支配生命。更遗憾的是，这种过度阐释也实在找不到古代汉语的支持。《易·系辞传上》确实提出过："生生之谓易。"但是，孔颖达疏："生生，不绝之辞。"在古汉语中，"生生"意思有二。一是滋生不绝，繁衍不已。如宋周敦颐《太极图说》："二气交感，化生万物。万物生生，而变化无穷焉。"二是世世代代。佛教认为众生不断轮回，"生生世世"指每次生在世上的时候，就是每一辈子的意思。现在借指一代又一代。显然，"生生之谓易"的基本含义为：生而又生，生生不已，周而复始，变动不居。（后来的"生机""生气""生意""生趣""天工""化工""自然"等都是由此推演而来。）但是，"生生不已"的动力何在？"生生"的说法却始终没有能够回答。因此，"生生"不仅是后人对于《周易》过度阐释的结果（这一点，只要从老庄都坚决反对"生生"即可知了①），而且由于没有揭示"生生不已"的缘由、动力，而成为宋明理学的"接着讲"的对象，并且被宋明理学所超越。"生态"的前提是"生生"，"生生"的前提则是"仁"，这正是从《周易》到宋明理学的逻辑演进。最终的归宿，在宋明理学，是"万物一体之仁"，而生命美学（1985，潘知常）则将之拓展为"万物一体仁爱"，因为，"仁"的前提是"爱"。显然，生态美学研究的频繁自我更改名称，时而"生命美学的生态美学"，时而"生态存在论美学观"，时而"生态美学"，时而"生生美学"，等等，无疑体现了其学术思考尚未臻于成熟。而且其中所谓"生生美学"也已经完全与生命美学数十年来所提倡的"生生—仁爱—大美"中的"生生"重合了起来。因此，单独将生命美学数十年来所提倡的"生生—仁爱—大美"中的"生生"独立出去，并作为一种独立的美学观或者美学新说，也许还是值得斟酌的。反之，倘若以生态美学作为"生命美学的生

---

① 作为儒道互补的道家就是贬斥"生生"的。这是一个常识，也是提出"生生美学"所必须面对的一个难题。道家的"生生"始终都是贬义。《老子》第五十章："人之生，动之于死地，亦十有三。夫何故？以其生生之厚。"这里的"生生之厚"，指的是坚决反对过分"贪生"，反对过分地为生命而生命。《庄子·大宗师》说："无古今，而后能入于不死不生。杀生者不死，生生者不生。"显然，庄子不但不提倡"生生"，而且转而要提倡"杀生"，"生生"乃是为生而生，是"贵生""贪生""益生""卫生"，都是要反对的，所谓"亡生者不死也，矜生者不生也"。

态美学"，以生态问题作为生命美学的一个维度，我认为倒是十分合适的，也是相得益彰的。

还有国内的文化研究。其实，关于文化研究，生命美学在国内应该算是先驱，早在1993年，我就已经开始发表这个方面的研究论文了。①我的《反美学——在阐释中理解当代审美文化》是出版于1995年的，而且当年立即被再版（可惜的是，有些文化研究的开创者宁肯把自己出版时间远远在后的文化研究专著列为文化研究的开创之作，却偏偏对这本书视而不见）。2002年，我还出版了《传媒批判理论》（新华出版社2002年版）。不过，2000年以后，我就不再用"审美文化"这个术语了，我那时出版的书籍，就直接叫作《大众传媒与大众文化》（上海人民出版社2002版）、《流行文化》（江苏教育出版社2002版）。因为我意识到：文化研究当然十分重要，但是更重要的是，既然已经转行研究文化了——哪怕是视觉文化，就不必要再羞羞答答地躲在美学研究的招牌背后了，而完

---

① 《关于审美文化的随想》，《福建论坛》1993年第1期；《文化工业：美学面临新的挑战——当代文化工业的美学阐释之一》，《文艺评论》1994年第4期；《当代审美文化中的"媚俗"——在阐释中理解当代审美文化》，《社会科学》1994年第8期；《当代审美文化的基本特征——在解释中理解当代审美文化》，《天津社会科学》1994年第5期。同时，作为对于当代文化研究的深化，就在1994年，还在《文艺研究》等刊物发表了研究广告形象、大众传播媒介、摇滚、MTV等方面的文章。

全可以勇敢地独立出去，自立旗号。严格而论，文化研究无疑不应该隶属于美学研究。而文化研究之所以在美学研究中一直站不住脚，关键也就在此。当然，这也是我后来没有再继续介入文化研究的根本原因。何况，生命美学开拓的是文化政治学、生命政治学，也与国内的所谓文化研究截然相异。由此可见，从1993年到2002年，整整八年的时间，在国内应该属于文化研究的初期，生命美学是自始至终都参与其中，而且起到了重要的作用。前事不忘，后事之师！生命美学在文化研究领域的披荆斩棘之劳，相信不应该被历史所忘记！

身体美学问题也如此。生命美学涉及身体问题，在国内应该说是最早的。对此，只要阅读一下我的《人之初——审美教育的最佳时期》（海燕出版社1993年版）以及《诗与思的对话——审美活动的本体论内涵及其现代阐释》（上海三联书店1997版）两书中关于"动作思维"的论述，就不难一目了然。同样的原因，只是因为一直认为身体问题应该是生命美学自身的一个有机组成部分，因此，我才没有在1993年或者1997年就提出"身体美学"。

还有一种情况，是从生命美学的内涵的层面对于生命美学的"首创"与"独创"的肢解与分化。

例如境界问题。

厦门大学的郭勇健副教授2014年出版了《当代中国美学

论衡》（清华大学出版社）一书，该书辟有"潘知常：为爱作证还是为美作证？"一章（第267—284页）。他把生命美学以及我本人列入专章，作为研究内容，无疑是对于生命美学的"首创"与"独创"的一大肯定。例如，他指出："90年代初，较为年轻的潘知常在学界崛起，以初生牛犊不怕虎的劲头，提倡'生命美学'，对抗李泽厚'实践美学'的一统天下。"（第17页）"在当代中国美学的诸多探索中，潘知常的生命美学探索无疑是极具影响力的。"（第267页）但是，遗憾的是，由于他错误地选择了我本人的一部关于文学名著的美学评论集《我爱故我在——生命美学的视界》（江西人民出版社2009年版）作为讨论我的生命美学的唯一文本，而没有选择我在此之前出版的美学基本理论著作——《生命美学》（1991年）、《诗与思的对话——审美活动的本体论内涵及其现代阐释》（1997年）或者《生命美学论稿》（2002年）作为研究文本，因此，对于生命美学以及我本人的美学基本理论思考的研究，也就未能予以准确到位的剖析与批评。

更为重要的是，就是该书与祁志祥教授的《中国美学全史》都曾经专门论及了陈望衡先生的"境界本体论美学"。确实，陈先生在美的"境界本体"方面用力甚深，成果也发人深思。但是，无可否认的事实是，他毕竟是从1999年在《理论与创作》杂志发表《美在境界——实践美学的反思》之后才开始讨论这一问题的。可是，从1985年开始，将西方的存在主义——现象学思想与中国传统美学的境界说融会贯通，却是我始终如一的美学追求。也因此，我也从1985年以来就一直都在关注"美在境界"乃至"境界本体"的问题。遗憾的是，这一"首创"与"独创"却被某些学者予以不负责任的肢解与分化。

当然，口说无凭，因此，不妨以我的论著的发表的时间作为必需的证明。

我最早提出美"是人生的最高境界——超知识、超道德的审美本体境界"，是在1985年（《美与当代人》1985年第1期）。

我最早提出"美在境界"与"境界本体"，是在1988年（《游心太玄》，《文艺研究》1988年第1期）。

我最早提出"境界形态的美学"，是在1988年，"中国美学学科的境界形态，所谓境界形态是相对于西方美学的实体形态而言的"（《中国美学的学科形态》，《宝鸡文理学院学报》1991年第11期）。

而且，我的《从"意境"到"趣味"》（《文艺研究》1985年第1期），论述了"意境"说在中国古典美学中的"和"—"意境"—"趣味"的演进历程；《王国维"意境"说与中国古典美学》（《中州学刊》1988年第1期），论述了王国维"意境"说与中国古典美学的区别，以及所禀赋的"新的眼光"。《游心太玄》则指出了作为审美快乐的（逍遥）"游"是"一种最高的趋于极致的审美境界"，"一种人的最高自觉和人的价值的最完美的实现，一种人生的最高境界"。

在黄河文艺出版社1989年出版的《众妙之门——中国美感心态的深层结构》中，我已经明确提出："因此，美便似乎不是自由的形式，不是自由的和谐，不是自由的创造，也不是自由的象征，而是自由的境界。它不是主体的也不是客体的，不是主观的也不是客观的，而是全面的和最高的主体性对象。它不是与人类的生存漠不相关的东西，而是人类安身立命的根据，是人类生命的自救，是人类自由的谢恩。至于审美，则是对于自由的境界的直接领悟。"（第3页）

熟悉当代中国美学的学人都知道，这里的"美是自由的形式"是李泽厚先生提出的，"美是自由的和谐"是周来祥先生提出的，"美是自由的创造"是蒋孔阳先生提出的，"美是自由的象征"是高尔泰先生提出的。至于我的看法，在1989年就已经很明确，而且也始终没有改变过：美是自由的境界。

同时，在该书里我还多次提及——

审美活动"为人们展示出与现实世界截然相反的自由境界、意义境界"。（第4页）

"正是孔子率先在审美中领悟到了自由的境界。"（第

4页）

　　"审美活动所直接领悟到的自由境界在中国人的心目中始终是最高境界。"（第4页）

　　随后，1991年，我在《生命美学》一书中更是已经开始系统而且深入地讨论"境界本体"的问题了。在《生命美学》中，有专门一节，题目就叫作"美是自由的境界"（参该书第188—209页）。并且指出：自由境界是"一种本体意义上的形式"（第199页），是"人之为人的根基，是人之生命的依据，是灵魂的归依之地"（第191页）。

　　两年后，1993年，我在《中国美学精神》（江苏人民出版社1993年版）一书里明确提出了"境界美学"的概念，并且又集中讨论了中国美学所追求的自由境界，更集中探讨了西方存在主义—现象学美学与中国传统美学的"境界说"的融会贯通。例如：《海德格尔的"存在"与中国美学的"道"》《海德格尔的"真理"与中国美学的"真"》。进而，在第二篇第四章的"言—象—意—道"一节，还专门考察了"境界"中的"意象"与"意境"的区别。

　　而在1997年出版的《诗与思的对话——审美活动的本体论内涵及其现代阐释》中，我更是全书都以"境界本体"作为"审美活动的本体论内涵"——其实也就是审美本体的内涵的。并且，在该书的第241—256页，我又再一次专门论述了

"美是自由的境界"这一基本看法。

具体来说，从1988年到1997年，将近十年的时间，我在《众妙之门——中国美感心态的深层结构》《美的冲突》《生命美学》《中国美学精神》《诗与思的对话——审美活动的本体论内涵及其现代阐释》这几本专著里，已经反复论证过。同时，我在这几本书里还从"美之为美"和"美怎么样"的层面具体剖析了作为本体存在的境界的方方面面。例如，以"美怎么样"而论，就剖析了美作为境界本体的生成层面、类型层面、历史维度层面、组合结构层面，以及主客体角度、内容角度、内涵角度……

而且，我要强调，以上所列举的都是1989年到1997年的例子。其实，1997年以后，我对于"美在境界""境界本体"的研究十分频繁、十分细致、十分认真。

当然，在生命美学之外，国内还有几位学者在美学领域论及"美在境界""境界本体"。不过，他们提出"美在境界""境界本体"的时间，即便是最早的，也已经是在1995年以后甚至1999年之后了。

无疑，关于"美在境界""境界本体"，更远的，还可以追寻到王国维、宗白华等先生们的有关思考。不过，他们的思考毕竟不是在直接为美下定义，也不是关于"美在境界""境界本体"的正面论述。因此，是"远因"，但却不是"近因"。

生命美学要追寻的，是直接为美下定义，也是关于"美在境界""境界本体"的正面论述。因此，说"美在境界""境界本体"的提出是从生命美学开始的，应该是经得起历史考验的。

综上所述，应该不难看出，生命美学对于境界本体的大量论述都是早在陈先生1999年第一次发表"美在境界"的看法之前的。因此，要论及"美在境界"的"首创"之功，无论如何都是很难归之于陈先生的"境界本体论美学"的。令人遗憾的是，这一点，不论是在郭勇健副教授还是在祁志祥教授的有关研究中，却都被极不应该地忽略了。

也因此，关于在"境界本体"研究方面的"独创"，鉴于生命美学关于"境界本体"问题的研究毕竟远远在前，我相信，人们一定很想知道的是：陈先生的"境界本体"研究究竟在哪些地方是对于上述的生命美学关于"境界本体"的研究的突破和提升？无疑，只有把陈先生的"境界本体"研究与生命美学的关于"境界本体"的研究之间的根本区别剖析清楚，而且由此总结出陈先生的"境界本体"研究的"独创"之处，陈先生的"境界本体论美学"的精髓才能够呈现而出。因此，不论是在郭勇健副教授还是在祁志祥教授的有关研究中，也就理应首先仔细地指出我此前关于"境界本体"研究的"独创"之处都体现在哪些地方，然后还理应再仔细地指出陈先生的"境

界本体"研究又究竟在哪些地方是对于生命美学在此前的关于
"境界本体"研究的突破和提升。毕竟，离开了真正的历史事
实，离开了对于"首创"与"独创"的辨析，不仅仅是中国当
代美学，也不仅仅是美学史，即便是任何的历史研究的成果，
也都是没有意义的。令人遗憾的是，郭勇健副教授与祁志祥教
授在谈及陈望衡先生的"境界本体论美学"时，却全都没有一
个字涉及生命美学在陈望衡先生之前的关于"美在境界"以及
"境界本体"方面的论述的"首创"与"独创"。

推而言之，我每每会想：在从事中国当代美学史的研究
之时，倘若能够尊重事实、尊重真相，不论在论及陈伯海先
生的"生命体验美学"之时还是在论及陈望衡先生的"境界本
体论美学"之时，其实本来都应该先论及生命美学此前对于
"生命视界""生命""体验""审美超越"的长期论述，
论及生命美学此前对于"美在境界""境界本体"的长期论
述，并且理应对于生命美学在论及这些问题之时的"首创"与
"独创"之处予以实事求是的公正评价，然后再论及两位先生
在论及"生命视界""生命""体验""审美超越""美在境
界""境界本体"时的"独创"之处——因为他们的"首创"
之处也许已经很难谈得上了，毕竟生命美学有几本涉及这方面
的专著都早已发表——才堪称严谨求实的态度的。否则，不但
"首创"说不清楚，而且"独创"更说不清楚，又何以言史

呢？！①

　　还有的问题，是出在台湾生命美学与大陆生命美学的比较研究上。这无疑是一个新领域，值得关注，但是，也无疑需要实事求是，无疑不能妄自菲薄。但是，却也令人遗憾地未能尊重其中的"首创"与"独创"。以张俊的《生命美学的现代重构与汉语古典美学的复兴》（《学术研究》2018年第10期）为例，他在独尊台湾生命美学的"首创"与"独创"之时，却无情地对大陆的生命美学研究予以贬斥，他认为："20世纪八九十年代，在与实践美学的论争中潘知常等学者祭出'生命美学'的大旗，如今俨然生命美学学派之执牛耳者。但其'生命美学'并没有真正接续民国学者开启的生命美学传统，甚至没有充分依托中国生命哲学既有的精神资源，故其'生命美学'不属于中国传统生命美学的范畴，或者说只是中国生命美学传统的一个当代歧出。"并且他认为："港台地区在当代具有原创性的两个学派——新儒家和新士林学派，倒是在其哲学体系建构中发展出了极具代表性的汉语生命美学理论。而这一点，恰恰是被大陆的'生命美学'学派选择性回避的。"

---

　　① 目前有关部门已经出台相关文件，要求在论著中如引用或者受他人观点启发而做出的科研成果，均必须注明出处或致谢。由此，在中国当代美学史的研究中倘若再不首先区分清楚"首创"乃至"独创"，那就更加说不过去了，并且会严重触及"首创"乃至"独创"者的学术权益，也必然会触发严肃的学术争议。

我不得不指出：张俊的文章中的失误乃至硬伤不容忽视。而且，文章的立意就是抬高台湾与贬低大陆，这是极不妥当的。其一，他并不了解大陆的生命美学。大陆的生命美学坚持的是从王阳明"万物一体之仁"发端的"万物一体仁爱"的道路，个体的自由生命、自由意志的弘扬是其中的关键。情感为本、境界取向与生命视界则是其中的三大核心，所以才叫作情本境界论生命美学。这是"生命为体，中西为用"，是接着西方叔本华、尼采、西美尔、海德格尔、梅洛·庞蒂、舍勒、阿多诺、马尔库塞的生命美学讲，也是接着中国现代美学的生命美学讲，更是接着中国传统的生命美学讲。其二，中国的生命美学应该接着王国维讲，因为他是从西方生命美学鼻祖叔本华接着讲的，而且他所探索的毅然走向个体生命的道路，无疑正是中国现代生命美学的正宗。张俊的文章一知半解，割断历史，转而去热捧第二代生命美学家方东美，这纯属对中国20世纪的思想逻辑一无所知。方东美的"生生之谓易"是接着柏格森说，属于文化保守主义的"玄学"一系，固然也有其价值，但是，中国20世纪的思想主旋律是呼吁自由生命、自由意志和个性解放！西方的叔本华、尼采、西美尔、海德格尔、梅洛·庞蒂、舍勒、阿多诺、马尔库塞等生命美学大家当然就是这个路子。中国传统的生命美学的缺憾也恰恰正在这里！因此，大陆的生命美学由此出发，正是堪称眼光敏捷。至于方东美，当然也成就显著，但是无论如何，他所提倡的"生生之谓易"的生命美学都无法成为呼吁自由生命、自由意志和个性解放的中国现代生命美学的主流。中国20世纪的生命美学的主流只能是从王国维到当代的生命美学。[①] 也因此，类似用台湾方东美的生命美学来否定大陆的生命美学是完全没有道理的！无疑是妄自菲薄！其三，还不得不提的是，张俊还把台湾罗光的一本普及性的生命美学小册子捧为与方东美的著作并列的20世纪生命美学"最重要的两座里程碑"。但是，只要看过这本1999年出版的小册子的（大陆的生命美学诞生于1985年），就会对张俊的谬赞大为不解。罗光的《生命哲学的美学》竟然被抬到了里程碑的高度？但是只要仔细看一下全书就不难发现，其中堪称"首创"乃至"独创"的一句也没有，对于他所谓的生命美学的定义"充实而有光辉"，也是借自孟子而已。其实，这只是一本陈述西方美术思想简史的普及读物，所谓达到了"最重要"的"里程碑"的高度的判断，我可以负责任地说，张俊肯定是看走眼了。其四，张俊还指责大陆的生命美学"没有充分依托中国生命哲学既有的精神资源"，可是，我

---

① 我在三十八年前提倡生命美学时就不赞成"万物一体"（这其实只是肤浅的泛神论、肤浅的自然思维），而主张"万物一体仁爱"！当然，我也不赞成以"生生之谓易"作为生命美学的立身之本。不过，这些都说来话长，还是今后再腾出篇幅去详细论及。

出版过研究中国古代美学的专著十二部，生命美学"情感为本""境界取向""生命视界"三个核心问题也都是得益于中国古代美学。至于"没有真正接续民国学者开启的生命美学传统"的指责，显然，他根本就不知道，我在二十多岁写的第一本专著，就是专门研究中国近代美学的，名字叫《美的冲突》（学林出版社1989年版）；2004年，我又出版过专门研究王国维的专著《独上高楼》（文津出版社），同样在这本书中，我还专门研究过鲁迅的生命美学思想，内容长达数万字。我也专门研究过蔡元培的美学思想（《信仰建构中的审美救赎》，55万字，人民出版社2018年版）。而且，我无数次地强调过：我提倡的生命美学就是接着王国维说的。那么，为什么我所提倡的生命美学就"不属于中国传统生命美学的范畴，或者说只是中国生命美学传统的一个当代歧出"？其五，是所谓方东美和罗光的生命美学"被大陆的'生命美学'学派选择性回避"的指责。对此，只要稍微了解大陆改革开放历史的人就都知道，方东美的生命美学，在我1985年提倡生命美学的时候还根本没有可能看到，更不要说，后来我也不认为他的思考就有资格取代王国维所开辟的起点。至于罗光的书，是1999年才出版的，因此，是他"选择性回避"1985年诞生的大陆生命美学，而不是我们"选择性回避"了他这个后继者。

综上所述，不难发现，当代美学研究何以成史？还确实是并不容易。联想到中国的二十四史没有一部是当朝为自己修的，看一看中国美学史的编写之不易，我不能不说，其中显然有其道理。当代人修当代史，又要"究天人之际，通古今之变，成一家之言"，谈何容易？清朝的历史至今还只有《清史稿》，其中的道理，不妨深味。记得贡布里希在《艺术的故事》第十一次再版时增加了"没有结尾的故事——现代主义的胜利"一节，其中，他也曾惴惴不安地讨论了艺术史描述"当前故事"的危险："越走近我们自己的时代，就越难以分辨什么是持久的成就，什么是短暂的时尚。"因此，我们在修中国当代美学史的时候，能否更加谨慎一些，能否首先把其中的"首创"与"独创"核实清楚？能否首先做一下艰苦而又必须的资料整理工作？发表为王，先发为大王；影响为王，影响大为大王。这个自然科学研究中的学术规则，对于作为人文科学研究的中国当代美学史的研究而言，我想，也应该不无借鉴价值。因为，尊重"首创"、尊重"独创"，本来就是中国当代美学史研究中的硬道理，甚至，本来就是中国当代美学史研究中的硬道理中的硬道理。

第五章 生命美学：归来仍旧少年

一、生命美学：曾经说过什么

时间确实是十分漫长，1985年发表《美学何处去》的时候，我不到三十岁；1991年出版《生命美学》的时候，我刚告别"三十而立"的黄金岁月。而今回首，我不能不说，那是一个年轻的时代：改革开放的时代很年轻，作者很年轻，生命美学——也很年轻。

关于生命美学，存在两种理解，一种是"关于生命的美学"，一种是"基于生命的美学"。两者互有交叉，但是更明显不同。"关于生命的美学"着眼的主要是生命与美的关系，是"为生命"的美学。在这方面，其实早在中国现代美学史上，就已经有美学家开始提及（尽管十分零碎。而且，在当代美学史上重新开启这一问题的探索的时候，应该说，鉴于"文革"之后的特殊情况，当时我也对于这些先行者的探索完全一无所知），不过，那其实与我所谓的"生命"关系不大。因为他们还仍旧是在浪漫美学意义上理解"生命"的，而没有把"生命"作为一个本体性的、根本性的视界，也没有在形而上学和存在论的意义上去理解"生命"。因此，他们当年所提倡的"生命"，其实与我们在当代美学史中所孜孜以求的"生命"并没有什么内在关联。"基于生命的美学"的着眼点则不同，对此，1991年，我在《生命美学》一书的封面上，就已经言明："本书从美学的角度，主要辨析什么是审美活动所建构的本体的生命世界。"这也就是说，我所提出的生命美学与此前的中国现代美学史上的若干美学家的零星探索截然不同。它是"因生命"的美学。正如我在1990年发表的文章的题目：《生命活动：美学的现代视界》（见《百科知识》1990年第8期）。换言之，我在《生命美学》中已经反复强调过，生命美学不是什么部门美学，而就是美学。区别仅仅在于：生命美学是以"生命"作为现代视界的（犹如实践美学的以"实践"为现代视界）。因为"生命"不同于"自然"，因此，借助于生命的启迪，我们意识到：再也不能以自然科学的方法来建构美学。于是，借助于生命的立场、视界来冲击本质主义的思维，冲击包括实践美学在内的传统美学，并且建构"新美学"，也就成为生命美学的必然选择。

而且，生命美学意在建构一种更加人性，也更具未来的新美学。在生命美学看来，美学对于审美活动的关注不同于文艺学对于文学问题以及艺术学对于艺术问题的关注。它是借花献佛、借船出海，是借助对于审美活动的关注去关注"人"。因此，美学的奥秘在人——人的奥秘在生命——生命的奥秘在"生成为人"——"生成为人"的奥秘在"生成为"审美的人。或者，自然界的奇迹是"生成为人"——人的奇迹是"生成为"生命——生命的奇迹是"生成为"精神生命——精神生命的奇迹是"生成为"审美生命。再或者，"人是人"——"作为人"——"成为人"——"审美人"。总之，生命美学对于审美生命的阐释其实也就是对于人的阐释。它立足于"万物一体仁爱"的生命哲学，把生命看作一个由宇宙大生命的"不自觉"（"创演""生生之美"）与人类小生命的"自觉"（"创生""生命之美"）组成的向美而生也为美而在的自组织、自鼓励、自协调的自控系统。以"自然界生成为人"区别于实践美学的"自然的人化"，以"美者优存"区别于实践美学的"适者生存"，以"我审美故我在"区别于实践美学的"我实践故我在"，以审美活动是生命活动的必然与必须区别于实践美学的以审美活动作为实践活动的附属品、奢侈品。其中，又包含了两个方面：审美活动是生命的享受（因生命而审美、生命活动必然走向审美活动、生命活动为什么需要审美活动）；审美活动也是生命的提升（因审美而生命、审美活动必然走向生命活动、审美活动为什么能够满足生命活动的需要）。

关于生命美学的"体系"的思考。它包括一个中心、两个基本点。

"一个中心"，涉及的是美学研究的逻辑起点，也就是审美活动。

与实践美学以实践活动作为逻辑起点不同，我的生命美学研究以审美活动作为逻辑起点。在我看来，所谓美学，无非就是要把这个审美活动的奥秘讲清楚。对此，我先后探索过三种"讲法"：第一种是在《生命美学》之中，我提出了从"审美活动是什么、审美活动怎么样、审美活动为什么"这样三个角度来破解审美活动的奥秘；第二种是在《诗与思的对话——审美活动的本体论内涵及其现代阐释》之中，我提出从"审美活动是什么、审美活动如何是、审美活动怎么样、审美活动为什么"这样四个角度来破解审美活动的奥秘；第三种是在《没有美万万不能——美学导论》之中，我直接把关于审美活动奥秘的破解分为两个问题，第一个问题是："人类为什么非审美不可？"第二个问题是："人类为什么非有审美活动不可？"第一个问题涉及的是人类的特定需要，"人类为什么需要审美？"。具体分为两个方面，第一个方面是从"人类为什么非审美不可"和"人类为什么需要审美"的历史根源的角度加以讨论；第二个方面是从"人类为什么非审美不可"和"人类为什么需要审美"的逻辑根源的角度加以讨论。第二个问题涉及的则是对于人类的特定需要的特定满足，"审美为什么能够满足人类？"①。

"两个基本点"，涉及的是美学研究的逻辑前提，这当然指的是我在前面一再提及的生命美学研究中的两大觉醒："个体的觉醒"与"信仰的觉醒"。

"生命的觉醒"，无疑就是生命美学的觉醒。从生命活动入手来研究美学，涉及人的活动性质的角度，更涉及人的活动者的性质的角度。而就人的活动者的性质的角度来看，只有从"我们的觉醒"走向"我的觉醒"，才能够从理性高于情感、知识高于生命、概念高于直觉、本质高于自由，回到情感高于理性、生命高于知识、直觉高于概念、自由高于本质，也才能够从认识回到创造、从反映回到选择，总之，是回到审美。"我审美，故我在！""我在，故我审美！"由此，生命美学的全部内容，才得以合乎逻辑地全部加以展开。

更为重要的是"信仰的觉醒"。"个体的觉醒"必然还

① 倘若再具体一点，那么，在第二种"讲法"的基础上，我曾经又做过如下条分缕析：在一级水平上，可以把研究对象确定为审美活动，然后在二级水平上把它具体展开为"审美活动是什么、审美活动如何是、审美活动怎么样、审美活动为什么"四个方面。然后，再在三级甚至四级水平上去做更加具体的展开。请参见我的有关论著，此处不再详述。

要继之以"信仰的觉醒"。因为在康德所揭示的审美活动的"主观的普遍必然性"的秘密中,"个体的觉醒"是"主观的普遍必然性"中的"主观"的"觉醒",而"信仰的觉醒"却是"主观的普遍必然性"中的"普遍必然性"的"觉醒"。

新世纪伊始,我开始频频强调美学研究的信仰维度、爱的维度至关重要,原因就在这里。我们知道,西方的英籍犹太裔物理化学家和哲学家波兰尼(1891—1976)曾经有过一个重要的发现,一个科学家、作家的创新活动可以被分为两个层面,一个是可以言传的层面,他称之为"集中意识",还有一个不可言传只可意会的层面,他称之为"支援意识"。而一个科学家、作家的创新无疑应该是这两个层面的融会贯通。举个通俗的例子,在科学家的研究工作里,他的研究能力就是"集中意识",而他的价值取向则是"支援意识"。在作家的创作过程里,他的写作能力就是"集中意识",而他的价值取向则是"支援意识"。 显然,在这里"支援意识"是非常重要的。因为任何一个科学家、作家的创新其实都是非常主观的,而不是完全客观的。可是,即便是科学家、作家本人也未必就对其中的"主观"属性完全了解,因为在他非常"主观"地思考问题的时候,他的全部精力都是集中在"思考问题"上的,至于"如何"思考问题,这却可能是为他所忽视不计的。何况,不论他是忽视还是不忽视,这个"如何"都还是会自行发生着作用。例如，同样是面对火药，中国人想到的是可以用来驱神避邪，西方人想到的却是可以用来制作大炮；同样是面对指南针，中国人想到的是用来看风水，西方人想到的是可以用来做航海的罗盘。其中，就存在着"主观的思考"的差别，也存在着"主观的如何思考"的差别。

信仰维度、爱的维度，涉及的就是"主观的如何思考"，或者叫作：价值取向。这是一个不可言传只可意会的层面："支援意识"。在西方，由于信仰维度与爱的维度是始终存在的，因此，这一切对于他们来说，其实已经化为血肉、融入身心。可是，对于中国这样一个自古以来就不存在信仰维度、爱的维度的国家而言，这一切却还都是一个问题。于是，我们的美学研究往往错误地沦落到现实关怀的层面，结果是，尽管在中国同样有"美"的存在，但是却始终没有"美学"的存在。"美学地谈论美学"，对于国内当前的美学家，还亟待着真正的开始。

至于生命美学本身，则可以展开为横向层面与纵向层面。

首先是纵向层面，它依次拓展为"生命视界""情感为本""境界取向"。我所提倡的生命美学，也可以因此而被称为情本境界论生命美学，或者情本境界生命论美学。

"生命视界"的提出，是在1985年。在《美学何处去》

一文中，我已经开始"呼唤着既能使人思、使人可信而又能使人爱的美学，呼唤着真正意义上的、面向整个人生的、同人的自由、生命密切联系的美学"。并且指出："真正的美学应该是光明正大的人的美学、生命的美学。""美学应该爆发一场真正的'哥白尼式的革命'"，应该进行一场彻底的"人本学还原"，应该向人的生命活动还原，向感性还原，从而赋予美学以人类学的意义。"美学有其自身深刻的思路和广阔的视野。它远远不是一个艺术文化的问题，而是一个审美文化的问题，一个'生命的自由表现'的问题。"如同"万物一体仁爱"的生命哲学，在生命美学看来，所谓"个体的觉醒"其实就是"生命的觉醒"。而所谓仁爱，其实就是对世界的正常、健康的感受。这种感受只能来自个体的生命，因为人类的生命正是由无数具体的个体生命所组成。而且，尊重了这种感受，也就尊重到人的个体，尊重到了人的生命。因此，审美与艺术的秘密并不隐身于实践关系之中，也不隐身于认识关系之中，而是隐身于生命关系。这是一种在实践关系、认识关系之外的存在性的关系。在逻辑、知识之前，"生命"已在。人在实践与认识之前就已经与世界邂逅，"我存在"而且"必须存在"才是第一位的，人作为"在世之在"，首先是生存着的。在进入科学活动之前生命已在，在进入实践活动之前生命也已在。这正如王阳明所说："今看死的人，他这些精灵游散了，他的天地万物尚在何处？"（《传习录下》）也因此，对于生命美学而言，"实践"必须被"加括号"，必须被"悬置"。唯有如此，才能够将被实践美学遮蔽与遗忘的领域，被实践美学窒息的领域，以及实践美学未能穷尽的领域、未及运思的领域展现出来，由此，生命美学从一般本体论—实践本体论转向基础本体论—生命本体论。借助胡塞尔"回到事实本身"的说法，生命美学不但是在超越维度与终极关怀的基础上（"一体仁爱"的新哲学观）的对于美学的重构，也是从生命经验出发的对于美学的重构，是从理论的"事实"回到前理论的生命"事实"。因此，生命美学"基于生命"也"回到生命"，所谓源于生命、因于生命、为了生命，是生命的自由表达。

"情感为本"的提出，是在1989年。

不难想到，要回到生命，无疑就不可能回到实践美学所谓的理性，而是回到情感。因为人是情感优先的动物（扎乔克），也最终是生存于情感之中的。情感的存在，是人之为人的终极性的存在，也是人的最为本真、最为原始的存在。所谓理性和思想，"都是从那些更为原始的生命活动（尤其是情感活动）中产生出来的"①。"海德格尔主张，我们对世界的知

①　［美］朗格：《艺术问题》，滕守尧等译，中国社会科学出版社1983年版，第23页。

觉，首先是由情绪和感情揭开的，并不是靠概念。这种情绪和感情的存在方式，要先于一切主体和对象的区分。"①而且，情感自由比理性自由更为根本，情感启蒙也要远为重要于理性启蒙。情感自由，是生命无限敞开的途径，也是未来社会的立身之本。当然，正是出于这个原因，关于情感的哲学思考，也就成为一个重要的哲学方向。这样，尼采的提醒也就不再无足轻重："我们何时方能去掉自然的神性呢？我们何时方能具备重新被找到、重新被解救的纯洁本性而使人变得符合自然呢？"②

因此，直面生命，其实也就是直面情感。这就类似《象与骑象人》这本书中所说，在人的生命活动中，理性只是骑象人，它只是顾问、仆人，不是国王，也不是总裁。情感则是大象本身，它承担了主要的、根本的工作。可是我们在现实生活中却往往忽视了这一点。本来，情感其实就是我们看到时立即就油然而生的"喜欢"或者"不喜欢"，但是如果让我们说出理由，那就只能由骑象人来出面了，因为大象尽管起着决定作用，但是却不会说话。遗憾的是，骑象人却往往不是代"象"

———————————

① ［美］宾克莱：《理想的冲突》，马元德等译，商务印书馆1983年版，第215页。

② ［德］尼采：《快乐的科学》，黄明嘉译，华东师范大学出版社2007年版，第194页。

立言，而是自说自话，并且只是把其中的理性可以表达的部分演绎出来。结果，就像一则西方谚语讲的，醉汉站在路灯下到处找车钥匙，警察问："你的车钥匙掉在这里了吗？"这个醉汉回答："没有，我把车钥匙掉在后面巷子里了，但是这里有路灯，比较好找。"显而易见，实践美学就是只会与骑象人对话，也只是习惯于在"比较好找"的地方去寻找答案。例如，误以为只要"积淀"一下，就可以把复杂的大象——情感本身的困惑解决了。生命美学不然，它要坚决地避开骑象人，去直接与大象对话，去直接阐释大象的作用，也就是直接阐释情感的秘密。

何况，在"情感优先"之中，审美情感更是优先中的优先。这是因为，由功利、概念引发的情感，是明确的；由欲望引发的情感，也是明确的。尽管它们都是通过情感传达以满足生命的需要，但是，却都不需要我们去研究。未知并且异常神秘的，只是特殊的"快乐"——"美感"，也就是"由形象而引发的无功利的快乐"，或者，因为"美与不美"而引发的"无功利的快乐"。苏联心理学家维戈茨基发现：真正的情绪是在审美活动之中的。"在抒情体验中起决定性作用的是情绪，这种情绪可以同在科学哲学创作过程中所产生的附带的情绪准确地区分开来。"① "审美情绪不能立刻引起动作。"②
卡西尔也指出： "我们在艺术中所感受到的不是那种单纯的
或单一的情感特征，而是生命本身的动态过程。" "在艺术
家的作品中，情感本身的力量已经成为一种构形的力量。"③
在审美活动中， "我们所听到的是人类情感从最低的音调到
最高的音调的全音阶；它是我们整个生命的运动和颤动"④。
因此， "康德既是第一个把美学建立在情感基础上的人，也
是把情感一般地引入到哲学中来的第一个人，这绝不是偶然
的"⑤。因为，他所洞察到的，正是审美活动中的"谜样的东
西"，也就是"主观的普遍必然性"（"主观的客观性"）。
例如，他的哲学亟待思考的三大问题：我能认识什么？我应
做什么？我希望什么？也可以理解为："自由（上帝）是无
法认识的"（《纯粹理性批判》），但是必须去相信"自由

---

① ［苏联］维戈茨基：《艺术心理学》，周新译，上海文艺出版社1985年
版，第37页。

② ［苏联］维戈茨基：《艺术心理学》，周新译，上海文艺出版社1985年
版，第333页。

③ ［德］恩斯特·卡西尔：《人论》，甘阳译，上海译文出版社1985年
版，第254页。

④ ［德］恩斯特·卡西尔：《人论》，甘阳译，上海译文出版社1985年
版，第256页。

⑤ ［德］盖格尔：《艺术的意味》，艾彦译，译林出版社2012年版，第98
页。

（上帝）"的存在（《实践理性批判》），而且，借助审美直观，"自由（上帝）"是可以直接呈现出来的（《判断力批判》）。无疑，这其实也就是在说：唯有在审美情感之中，自由才可以直接呈现出来。由此，情感的优先地位以及审美情感的优先中的优先地位，已经不难看到。①

换言之，审美与艺术的最根本的功能就在于人的愉快不愉快这个层面，如果不顾及这一点而硬要使美学担负起它无法胜任的现实使命，那最终也只能拖垮本来就十分脆弱的美学自身。"我们觉得美的地方正是能够提高人类祖先生存机会的地方。""我们的祖先在具有生存价值的对象中找到快乐，……我们通常会接近让人愉快的对象。""艺术让我们的生活更美好。"②"审美感情使我产生称之为审美享受的特殊愉悦。"③换言之，美学研究的核心问题其实就是对象的形式可以引发主体的情感问题，说得更准确一点，就是与我们没有直

---

① 尤其是伴随着快乐心理学、积极心理学的诞生，人们逐渐发现：犹如原来地球是围绕太阳旋转，成功原来也是围绕快乐与爱等积极情感旋转。于是，人们对情感的关注从消极情感转向了积极情感，不再是把−8的人提升到−2，而是把＋2的人提升到＋8。审美情感恰恰正是积极情感。由此，生命美学的"情感为本"就更加容易理解了，详另文阐释。

② ［美］安简·查特吉：《审美的脑》，林旭文译，浙江大学出版社2016年版，第49、71、177页。

③ ［爱沙尼亚］斯托诺维奇：《审美价值的本质》，凌继尧译，中国社会科学出版社2007年版，第231页。

接关系的对象的形式如何引发主体情感的问题。由形象引发的超功利情感，就是美学的研究对象。当世界符合我们的生命的时候，我们得到的是正面情感；当世界背离了我们的生命的时候，我们得到的是负面的情感；当世界既符合我们的生命也背离我们的生命的时候，我们得到的就是既正面又负面的复杂情感，所谓悲喜交加。尤其是我们人为地制造一个情感评价的象征物也就是艺术作品的时候，其中的情感体验就会更加复杂。判断一种情感是否是审美情感的关键在于它与对象形式的关系如何，因为审美情感的产生只与对象的外在形式有直接的必然联系。买椟还珠，在美学无疑也并非毫无道理。

十分荣幸的是，在生命美学诞生之初，我就已经关注到了这一问题，我把它称作：情感为本。在拙著《众妙之门——中国美感心态的深层结构》里，我已经指出：情感"不但提供一种'体验—动机'状态，而且暗示着对事物的'认识—理解'等内隐的行为反应"。"过去大多存在一种误解，认为它只是思想认识过程中的一种副现象，这是失之偏颇的。""不论从人类集体发生学或个体发生学的角度看，'情感—理智'的纵式框架都是'理智—情感'横式框架的母结构。"[1]

---

[1] 潘知常：《众妙之门——中国美感心态的深层结构》，黄河文艺出版社1989年版，第72、73页。

情感的满足意味着价值与意义的实现，这，当然也就是境界的呈现，也就是我所谓的"境界取向"。因此，我从1985年就指出：人不但是现实存在物，而且还是境界存在物。从1988年开始，我就提出：美在境界。[①] 1989年，我则正式提出：美是自由的境界。"因此，美便似乎不是自由的形式，不是自由的和谐，不是自由的创造，也不是自由的象征，而是自由的境界。"[②] 1991年，我又提出了"境界美学"："中国美学学科的境界形态，所谓境界形态是相对于西方美学的实体形态而言的。"[③]并且指出：美学并"不是以认识论为依归，斤斤计较于思维与存在的同一性，而是以价值论为准则，孜孜追求着有限与无限的同一性"[④]。美学"以意义为本体而不是以实存为本体"，"旨在感性生命如何进入诗意的栖居"[⑤]。"为

① 潘知常：《游心太玄——关于中国传统美感心态的札记》，《文艺研究》1988年第1期。

② 潘知常：《众妙之门——中国美感心态的深层结构》，黄河文艺出版社1989年版，第3页。

③ 潘知常：《中国美学的学科形态》，《宝鸡文理学院学报》1991年第4期。

④ 潘知常：《众妙之门——中国美感心态的深层结构》，黄河文艺出版社1989年版，第96—97页。

⑤ 潘知常：《众妙之门——中国美感心态的深层结构》，黄河文艺出版社1989年版，第97页。

宇宙人生确立生命意义，寻找永恒价值，挖掘无限诗情"①。人是以境界的方式生活在世界之中的，是境界性的存在。境界，是对于人的形而上追求的表达，是形而上"觉"（形而上学有"知识"与"觉悟"两重含义）。正如卡西尔所提示的："人的本质不依赖于外部的环境，而只依赖于人给予他自身的价值。"②就世界作为"自在之物"而言，是物质实在在先，精神存在在后；就世界作为"为我之物"而言，则是精神世界在先，物质世界在后。境界是意义之在，而非物质之在。借助于它，精神世界的无限之维才被敞开，人之为人的终极根据也才被敞开。

"生命视界""情感为本""境界取向"当然又并不是生命美学的全部，而只是生命美学中鼎立的三足。要之，无论生命还是情感、境界，都是指向人的，而且也都是三而一、一而三的关系：生命是情感的生命，境界的生命；情感是生命的情感，境界的情感；境界是生命的境界，情感的境界。而且，生命的核心是超越，"从经验的、肉体的个人出发，不

---

① 潘知常：《众妙之门——中国美感心态的深层结构》，黄河文艺出版社1989年版，第94页。

② ［德］恩斯特·卡西尔：《人论》，甘阳译，上海译文出版社1985年版，第10页。

是为了……陷在里面，而是为了从这里上升到'人'"①，而"思考着未来，生活在未来，这乃是人的本性的一个必要部分"②。情感的核心是体验，是隐喻的表达，境界的核心是自由。因此才人心不同，各如其面。简单来说，如果生命即超越，那么情感就是对于生命超越的体验，而所谓境界，就是对于生命超越的情感体验的自由呈现。由此，形上之爱，以及生命——超越、情感——体验、境界——自由，在生命美学中就完美地融合在一起。无疑，这就是我从1985年发表《美学何处去》一文以后的全部论著的所思所想。

生命美学的横向层面，则拓展为：后美学时代的审美哲学、后形而上学时代的审美形而上学、后宗教时代的审美救赎诗学三个领域。其中，"后美学时代的审美哲学"，是"把哲学诗化"（卡西尔），把美学问题提升为哲学问题，从而将美学与哲学互换位置。在生命美学看来，在审美活动中才隐藏着解决哲学问题的钥匙。因此，美学应该是第一哲学，也亟待从审美活动看生命活动，借助思与诗的对话去反思人类生命活动的终极意义，并且对于"人类生命活动如何可能"这一根本问

---

① 中共中央马克思恩格斯列宁斯大林著作编译局编译：《马克思恩格斯全集》（第27卷），人民出版社1972年版，第13页。

② ［德］恩斯特·卡西尔：《人论》，甘阳译，上海译文出版社1985年版，第68页。

题给出美学的回答。其次，"后形而上学时代的审美形而上学"，是"把诗哲学化"（卡西尔），把哲学引入美学，把哲学问题还原为美学问题。它涉及的是审美活动的本体论维度，侧重的是审美对于精神的意义，是从生命活动看审美活动，关注的是诗与思的对话，讨论的是"诗与哲学"（诗化哲学）的问题。最后，"后宗教时代的审美救赎诗学"涉及的是在劳动与技术的异化时代里失落了的自由与灵魂的赎回，谈论的是审美的价值论维度以及审美对于人生的意义，关注的则是诗与人生的对话以及"诗与人生"（诗性人生）的问题。

在纵向的"情本境界生命论"的美学与横向的审美哲学、审美形而上学、审美救赎诗学之间的，则是生命美学的核心：成人之美。

生命美学起源于"使人不成其为人"的技术文明与虚无主义，这是就世界的一般背景而言，与此相应，这个时代所面对的也已经不再是马克思所批判的"贫困的疾病"，而是"富足的疾病"。因此，犹如费尔巴哈所谓"真正的哲学不是创作书而是创作人"，也犹如冯友兰所谓"学习哲学的目的，是使人能够成为人，而不是成为某种人"，生命美学同样不是"创作书"而是"创作人"，也同样不是"成为某种人"而是"使人能够成为人"。在这个意义上，生命美学确实已经与实践美学背道而驰。它所孜孜以求的，是"生命的完美"，是"诗性的人生"，是"把肉体的人按到地上"（席勒），"来建立自己人类的尊严"（康德）。总之，是提升生命的境界。因而，尼采的每日之所问"人如何生成他之所是？"与萨特的每日之所问"人怎样才能创造自己？"也就同样成为生命美学的每日之所问。不过，这却并非"日常生活审美化"之类的美学泛化，而是"以审美心胸从事现实事业"，并且把现实的人生提升为审美的人生，也是从"活着"走向"生活"的身体力行的"苟日新，日日新，又日新"的美学践履。因为"活着"并不就是"生活"，这就正如卢梭所提示的"呼吸不等于生活"，也正如苏格拉底所呼唤的："追求好的生活远过于生活。"

　　生命美学是微观美学，而且，并不走向文学艺术，而是走向"生存艺术"。它所面对的，是"微观的不自由关系"，例如灵魂失落、反客为主。在这个意义上，"微观的不自由关系"无异于当代文明中的"奥斯维辛"，也无异于人性中的"法西斯"，它们都是生命中的种种"自由得不自由""自然得不自然"的东西。为此，尼采才会感叹："道德很不道德。"马尔库塞也才会发现："压抑是文明的本质。"无疑，对于"微观的不自由关系"的直面，也就意味着丹尼尔·贝尔所谓"革命后的第二天"的到来。也因此，从"微观的不自由关系"中突围而出，重返自由关系，也就成为生命美学孜孜以求的美学归宿。"解放""自由""我们"之类的大词，因此而退出了美学的词典，应运而生的，是从直面人类转向直面自身、从远大理想转向"小工具箱"（福柯）、从宏观的美学乌托邦转向个体审美生存的提升，是"生命的完美"，是"细微之处的反抗"，也就是：在一切失去生命之处去反抗、去抵制，在每一不自由关系的肆虐之处去阻击不自由，在任一技术异化之处去反抗技术。因此，审美，成为无神世界的神性存在，它被赋予特权。审美主义的"生存艺术"也因而在人的生存过程中被赋予了绝对优先性。审美生存不再是特殊存在而是普遍存在，或者，成为最高的生活方式、最高的价值。把生活创造为艺术品等，也就成为一种根本的人生的审美态度。

二、生命美学：想说的是什么

加塞尔曾经说过："在历史的每一刻中都总是并存着三种世代——年轻的一代、成长的一代、年老的一代。也就是说，每一个'今天'实际都包含着三个不同的'今天'：要看这是二十来岁的今天、四十来岁的今天，还是六十来岁的今天。"①

而今回首当年，我也想说，那是置身于"二十来岁的

---

① ［西］加塞尔：《什么是哲学》，商梓书等译，商务印书馆1994年版，第14—15页。

'今天'"的我，青春年少的我，当我走上美学舞台的时候，还是实践美学（1957，李泽厚）一统天下。只是，面对实践美学的学者已经改变了——在"成长的一代、年老的一代"之外，又出现了"年轻的一代"。于是，我在1985年时的所见，正是1985年以前的其他学者的所不见。

作为"年轻的一代"，作为"二十来岁的'今天'"，我所提倡的生命美学（1985，潘知常）究竟意味着什么？

第一，生命美学："贫乏时代的美学"。

任何一种成熟的美学思考，一定是来自对于时代问题的思考，而且，这一思考又一定会被提升为美学的思考，一定会以美学的方式表现出来。生命美学也是如此！相对于时代危机的问题始终没有被实践美学所积极回应，相对于实践美学的为能够"吃饭"而愉悦，生命美学的问世与对于时代危机的回应与反思密切相关。因此，犹如洛维特曾经以"贫乏时代的哲学家"称呼海德格尔，海德格尔也曾经以"贫乏时代的诗人"称呼里尔克和荷尔德林，对于生命美学，也可以称之为"贫乏时代的美学"，也就是劳动和工业的异化被充分暴露而出的时代的美学。

其中又存在世界的一般背景与中国的特殊背景。

就世界的一般背景而言，生命美学起源于"使人不成其为人"的技术文明与虚无主义。在西方世界，伴随着"上帝之死"，历史悠久的"教堂"已经不复发挥作用。大众传媒、艾滋病、信用卡作为特定标志的时代期待着全新的审美生存与全新的美学阐释。结论是严酷的：人类文化经过20世纪的艰辛努力，一方面消解了"非如此不可"的"沉重"，另一方面却又面对着"非如此不可"的"轻松"；一方面消解了"人的自我异化的神圣形象"，另一方面却又面对着"非神圣形象中的自我异化"①。于是，当今之世，竟然令人瞠目结舌地从 "神"的生存走向了 "虫"的生存。

这个时代面对的已经不再是马克思所批判的"贫困的疾病"，而是"富足的疾病"。人们对于技术文明和虚无主义的青睐已经不遗余力，"沉于物，溺于德"，业已成为常态。伽达默尔称之为：科学与哲学的紧张关系。正如汤因比发现的："我们通常称之为文明的'进步'，始终不过是技术和科学的提高。这跟道德上（伦理上）的提高，不能相提并论。""人类道德行为的平均水平，至今没有提高"，而且"跟过去旧石器时代前期的社会相比，跟至今仍完全保持着旧石器时代的社会相比，也没有任何提高"②。还正如贝塔朗菲发现的：

---

① 中共中央马克思恩格斯列宁斯大林著作编译局编译：《马克思恩格斯全集》（第1卷），人民出版社1956年版，第453页。

② ［英］汤因比，［日］池田大作：《展望21世纪——汤因比与池田大作对话录》，荀春生等译，国际文化出版公司1999年版，第375页。

"我们已经征服了世界，但是却在征途中的某个地方失去了灵魂。"①

人类亟待的是，在《安魂曲》还没有响起的时刻就意识到灵魂的充盈像物质的丰富一样值得珍惜，意识到审美同样是这个世界上不可须臾缺少的无价之宝，犹如阳光、空气和水分。为此，美国哈佛大学长期作家赖德勒断言："当代社会的生存之战通常是情感的生存之战。"奈斯比特则在《大趋势》中大声疾呼着"高技术与高情感的平衡"。正如茨威格指出的："自从我们的世界外表上变得越来越单调，生活变得越来越机械的时候起，（文学）就应当在灵魂深处发掘截然相反的东西。"②

"在灵魂深处发掘截然相反的东西"，是生命美学的使命。正如高尔基所指出的："这种对人的观点已经不允许把人看得一文不值，不允许把人看作替别人建造幸福的材料；同时，这种观点也会助长人对自己的工作的不满意情绪。生活将常常是不够完满的，这样，人对于更美好的生活的愿望才不至

---

① ［奥地利］冯·贝塔朗菲，［美］拉威奥莱特：《人的系统观》，张志伟等译，华夏出版社1989年版，第19页。

② ［奥地利］茨威格：《茨威格小说集》译文序，高中甫等译，百花文艺出版社1982年版，第7页。

于消失。"① "你就是自己尊贵而自由的形塑者，可以把自己塑造成任何你偏爱的形式。"②

就中国的特殊背景而言，生命美学起源于"把人不当作人"的人权与尊严的空场。在中国，所谓时代的危机，不但有着普世的特征，而且还有其自身的特征，这就是：对于封建愚昧时代的反省与抗争。从传统社会步入现代社会的特殊道路，使得中国的生命美学不得不把自己的目光集中于自由意志以及自由权利的获得。对此，我们可以称之为"中国特色"，也可以称之为在启蒙方面的"补课"。

古代中国的最大特征，就在于它是一个"权力社会"。有权力，无权利，有保障权力的制度，无保障权利的制度，就是古代中国的现状。因此，在古代中国，权力被公然转化为权利，可是权力本身却并不具备任何的正当性。无疑，传统中国的一切的一切，都可以从这里去解读。自由意志的匮乏、自由权利的缺席，因而也就成为从传统社会步入现代社会之际生命美学应运而生的温床。

由此，就中国美学而言，它更多关注的是虚"物"的问

---

① ［苏联］高尔基：《高尔基选集·文学论文选》，孟昌等译，人民文学出版社1958年版，第8—9页。

② ［意］皮科·米兰多拉：《论人的尊严》，顾超一等译，北京大学出版社2010年版，第21页。

题，而生命美学却要进而去关注虚"无"的问题。类似于"上帝死了"之后的"教堂"退出主流舞台，"父亲死了"之后，中国的"祠堂"与"中堂"也不复存在。生命美学则正是缘此而生。"审美形而上学""审美救赎"也因此而成为生命美学的主题词。

再就西方美学而言，相对于西方的侧重于理性的丰富性，以便给予自我感觉以充分的形而上的根据，在中国，生命美学侧重的是自由意志与自由权利。在西方，是期望从窒息理性的使人不成其为人的"铁笼"中破"笼"而出，在中国，却应当是从窒息人性的不把人当人的"铁屋"中破"屋"而出。自由意志与自由权利的成长，因此而成为生命美学所关注的根本困惑，更成为生命美学提出中国特色"审美救赎"的中国方案的特定背景。

生命美学起步之初就要与实践美学背道而驰，就正是因为实践美学是为了论证所有人都有权利"吃饭"，审美愉悦则是"吃饭"之后的快乐。生命美学不同，它强调的是：人的审美权利是神圣不可侵犯的。因为审美权利是人的生命权利、人的自由权利、人的私有财产权利的集中体现。要把人当人看，不要把人当工具，不要把人不当人看。人不是作为手段，而是作为目的，这一切，就是人为自己所立的法，也是人所必须遵循的法。因为，自由权利是一个基本的权利。物质只是必要条件，不是充分条件。因此，人的尊严也主要不在物质，而在精神。当然，这也是生命美学为自己所立的法，也是生命美学所必须遵循的法。

生命美学认为：真正的美学，必须以自由为经，以爱为纬，必须以守护"自由存在"并追问"自由存在"作为自身的美学使命。然而，实践美学的"实践存在"却是一个历史大倒退。它从人的"自由关系"退到了"角色关系"。可是，从康德美学开始，西方美学的精华就在："自由存在"。我们在关注康德的人为自然界立法的时候，不应该只关注到他的颠倒了主客关系，而应该进而去关注他的对于自由关系的绝对肯定，所谓"让一部分人先自由起来"，所谓"唯自由与爱与美不能辜负"。绝对不可让渡的自由存在，才是人的第一身份、天然身份。至于"主体性"等功利身份，则都是后来的。因此，追问和确立人的"自由存在"，这当然不是形而上学，但是却是形上之思。这，正是生命美学的题中应有之义。

第二， 生命美学：完成了从"知识论美学范式"向"人文学美学范式"的转向。

对于美学研究而言，重要的不是美学的问题，而是美学问题。美学的问题指的是美学之为美学的具体研究。美学问题则指的是美学之为美学的根本假设。而且，就后者而言，美学还是永恒的提问。不可能一劳永逸地解决问题。因此，美学的追问就永远要重新开始。不过，无论如何，对于美学而言，一切从人以外的存在开始的追问都是"假问题"，只有那些始终从人自身生命出发的追问才是真问题。事实证明：但凡那些从外在根据出发的，哪怕是从"实践"，都无非是在做甜蜜之梦，而只有从人自身生命出发，才预示着人之梦醒。反之，不同的美学又只能提出自己力所能及的问题。因此问题的深度就是提问者的深度、某种美学主张的深度。何况，以何种方式提问题，提问者就是何种人，提问者的美学也就是何种美学。因此，选择哪一种美学，又取决于他是哪一种人。

具体来说，在生命美学看来，对于审美问题的思考，势必有其不可或缺的生命前提，可是传统的知识论的美学范式恰恰丢失了这一生命前提，因此，知识论的美学范式的陷入困境无疑也就是必然的。遗憾的是，在生命美学出现之前，却一直没有出现对于知识论的美学范式的深刻反省。曾几何时，国内关注的都是"美学何谓""什么是美学"，这就正如马克思所批评的："这些新出现的批判家中甚至没有一个人想对黑格尔体系进行全面的批判，尽管他们每一个人都断言自己已超出了黑格尔的哲学。"① 美学界也是如此，尽管希望有所突

---

① 中共中央马克思恩格斯列宁斯大林著作编译局编译：《马克思恩格斯全集》（第3卷），人民出版社1960年版，第21页。

破，但是却从来未能对于知识论传统的美学范式"进行全面的批判"。

例如，每每出现的错误表现为：把"美学之为美学"首先理解为对于"美学是什么"的追问，而不是首先理解为对于"美学何为"的追问。"美学是什么"，是一种知识型的追问方式。按照维特根斯坦的提示，知识型的追问方式来源于一种日常语言的知识型追问："这是什么？"在这里，起决定作用的是一种认识关系。而被追问的对象则必然以实体的、本质的、认识的，与追问者毫不相关的面目出现。"美学是什么"的追问也如此。作为一种知识型的追问方式，在其中起决定作用的仍旧是一种认识关系。它关注的是已经作为现成的对象存在的"美学"，而并非与追问者息息相关的"美学"。而美学一旦以认识论的名义出现，对于"美是什么""美感是什么"等的追问，就都是顺理成章的事情了。

这就是知识论的美学范式的失误。其实，"美学之为美学"首先必须被理解为对于"美学何为"的追问。这意味着一种本体论层面的追问。在其中，起决定作用的不再是一种认识关系，而是一种意义关系。追问者所关注的也只是美学的意义。以海德格尔为例，他就曾明确地指出在追问"哲学之为哲学"时，至关重要的不应该是"什么是哲学"，而应该是"什么是哲学的意义"，也就是说，只有首先理解了哲学与人类之间的意义关系，然后才有可能理解"哲学是什么"。美学也如此。当我们在追问"美学之为美学"之时，首先要追问的应该是，也只能是"人类为什么需要美学"即"美学何为"。只有首先理解了美学与人类之间的意义关系，对于"美学是什么"的追问才是可能的。

以理解物的方式去理解美学，以与物对话的方式去与美学对话，也是一个美学的误区。其中的关键，是以非人的形式表现人，不但"看不起人"，而且甚至是"看扁了人"。而要走出这一误区，就亟待从美学研究的"知识论美学范式"向"人文学美学范式"转换。找回失落的人，其实也就是找回人自身的存在、自身的价值、自身的权利、自身的生命，找回美学自身的尊严。自觉为美学，必须要从自觉为人起步，"以人的方式理解人"，"人只能以人的方式来把握"。而这也正是生命美学从1985年就开始的矢志不移的努力方向。在1991年出版的《生命美学》里，我就开始提倡"人的逻辑"。这是一种真正与人的本性相适应而且也真正突破了"物的逻辑"的思维方式。确实"真在"比"真理"更宝贵。在进入真理世界之前，生命已在。因此，就必须从"真理在世"回到"生命在世"。"真理在世"，其实就是"本质优先"，是经验的追问，也是把人当作物的追问；可是，"生命在世"却是"意义优先"，是超验的追问，也是把人当作人的追问。其中存在着从"逻辑的东西"转向"先于逻辑的东西"、转向"逻辑背后的东西"的差异，而且警示着：理性思维之前还有先于理性思维的思维，即先于理性、先于认识、先于意识的东西。只有它，才是最为根本、最为原初的，也才是人类真正的生存方式。

而且，执着地去思考美学背后的终极根据其实并没有错，但是万万不可以人类自身的生命活动的遮蔽和消解为代价，更不能竟然误以为这个终极根据就是"本质"。结果，在古代，追问的是"美的本质（理式）"，最有代表性的是柏拉图美学；在近代，追问的是"美感的本质（判断力）"，最有代表性的是康德的美学；或者，追问的是"艺术的本质（理念）"，最有代表性的是黑格尔的美学。结果，美学本身也就隐身而去了。从古到今，学人们纷纷感叹"美是难的""美学是难的"，原因就在这里。

当然，美学并非无路可行！因为，倘若离开认识论的美学范式，倘若不再为审美活动追求一种知识论的存在根据，不再在认识论的美学靴子内打转，不再去从事"本质"层面的"有底"的追问，不再去做概念木乃伊的制作者、概念偶像的侍从先生，美学就可以走出困境。在20世纪的西方，或者从直觉论、表现论、精神分析论入手去讨论，例如杜夫海纳的《审美经验现象学》；或者从形式论入手去他论，例如苏珊·朗格的《感受与形式》，就代表着这一努力。在中国，生命美学的宣布开始全新的美学思考——从爱知识转向爱生命的美学思考，以及以人文学的美学范式取代知识论的美学范式，也代表着这一努力。

美学家们都误以为美学所要探索的终极根据就是"本质"，然而，这其实都必须要归咎于他们所置身的现实维度与现实关怀，以及因此而形成的知识论美学范式（过去的美学是通过客观知识来探求真实存在，这已有前述）。可是，倘若转而置身于超越维度与终极关怀，并且从人文学美学范式来看，则就不难发现，美学所要探索的终极根据恰恰不应是什么"本质"，而只应是"意义"。这样，只要我们从"本质"的歧途回到"意义"的坦途，长期以来的美学困惑也就迎刃而解了。换言之，我们不妨简单地说，"本质"确实是"难的"，因为它根本就是一个虚假的美学问题。但是，"意义"却不是"难的"，因为它完完全全是一个真问题，一个真正的美学问题。而且，不论是西方美学，还是中国古典美学，我们看到，都遥遥指向了一个方向，这就是："意义"。

人作为"在世之在"，首先是生存着的。人与世界的关系，第一位的不可能是一种抽象的求知的关系，而只能是一种意义关系。在世之初，人只会去关注与自己的生存休戚与共的东西。尼采说：艺术比真理更宝贵。[1]他其实也就是说：生命比真理更宝贵。在进入科学活动之前，生命已在；在进入实践活动之前，生命也已在。因此，人的生存是无法简单概括为认识的，因为人首先在一个意义的世界、价值的世界。"此在与世界"的关系因此而先于"主观与客观"的关系；人与世界的生命前提，也先于人与世界的实践前提、认识前提。而且，在这当中，意义是先于其他的，我生活的世界先于我实践的世界、我思维的世界，也就是本质的世界。而且，意义的世界并非本质的世界，归根结底，人是首先生活在意义的世界的。在知识世界之下，还存在着一个意义世界，这就是结论！昔日是"何谓美的本质"，而今是"何谓审美活动的意义"。美学的终结只是形式，"本质"的终结才是问题的关键。传统的所谓美学的失败也并不在于探讨终极根据，而在于误以为这个终极根据就是"本质"，遗憾的是，这个终极根据偏偏就不是"本质"，而是——"意义"。显然，审美活动是不能借助"本质"去把握的，这已毋庸置疑；但是，审美活动却又毕竟是可以借助"非本质化"去把握的，这也同样毋庸置疑！于是，从知识世界走向意义世界，从知识论美学范式走向人文学美学范

---

① ［德］尼采：《权力意志》，张念东等译，商务印书馆1991年版，第444页。

式，也就成为必须与必然。

而这也正是三十八年来我在生命美学中所始终孜孜以求的指向。

生命美学亟待为自己建立的，是一个人文学的美学范式。审美活动是进入审美关系之际的人类生命活动，它是人类生命活动的根本需要，也是人类生命活动的根本需要的满足，同时，它又是一种以审美愉悦（"主观的普遍必然性"）为特征的特殊价值活动、意义活动。因此，美学应当是研究进入审美关系的人类生命活动的意义与价值之学、研究人类审美活动的意义与价值之学。进入审美关系的人类生命活动的意义与价值、人类审美活动的意义与价值，就是美学研究中的一条闪闪发光的不朽命脉。

而美学本身也正是人文学美学范式的理论表达。正是在这一思考中，美学才形成了自己的特殊问题、特殊性质、特殊价值。至于审美活动，作为人类生存的根本方式，其秘密也只能从人文学的美学范式的角度去加以破解。

第三，生命美学：把"生命"引入美学的视界。

1868年，尼采致信朋友洛德，提示他说："亲爱的朋友，我请求你把你的目光直接牢牢盯住一个即将起步的学术生涯。"确实，把"目光直接牢牢盯住一个即将起步的学术生涯"，对于一个即将走上学术舞台的年轻学人来说，至关重要。无疑，对于美学而言，也是如此。而在我看来，这个"即将起步的学术生涯"，就是："生命"。所谓生命美学，也无非就是以"生命"去撬动美学这个神秘的星球。

学术研究的价值体现在能够提出问题。学者之为学者，最具创造性的工作也不在于解决了什么，而在于提出了什么。这也就是说，最具创造性的工作在于：提出一个世世代代都必须回答的问题，而且，因为世世代代的每一次的回答都使得他所提出的问题增值。因此，他的工作也就得以进入了人类美学的历史。显然，生命美学所提出的"生命"，就正是这样一个势必会被写入美学历史的问题。

生命美学，作为"基于生命的美学"，在中国，第一次把"生命"引入了美学的视界。

立足于人类生存的生命向度，在生命美学看来，"世界是生命的境界；生命是世界的本体"。它们相互生成、交互敞开，犹如"外师造化，中得心源"。人走向世界，世界也走向人，相看不厌，去敞开、去成为、去成就、去生成……人的存在性敞开与世界的存在性呈现并存。这是一个生命的共同体。置身于生命关系、本真关系，人在认识与实践之前就已经与世界邂逅，"我存在"而且"必须存在"是第一位的，因此也就必然会走向生命。去从人的先存在来解释先存在，而无法借助任何超验的假定。个人的存在，就是一切存在的前提和根据。

存在先于真理，存在先于本质。

例如，人的生命只要满足了生之所需就会快乐，反之也是一样。因此，为了满足生之所需，一切的一切也就必定会被创造出来！施莱格尔说："对于我们所喜欢的，我们具备天才！"确实如此。进而，沿着这样的逻辑起点，我们不难想见：此处的"快乐"也就是"快感"。当然，这"快感"其实是已知的，也是其他学科所已经解释清楚了的。由功利、概念引发的情感，是明确的。与欲望引发的情感，也是明确的，尽管它们都是通过情感传达以满足生命的需要，这都不需要我们去研究。未知并且异常神秘的，只是特殊的"快乐"——"美感"，也就是"由形象而引发的无功利的快乐"，或者，因为"美与不美"而引发的"无功利的快乐"！例如，少女可以为失去的爱情而歌唱，守财奴却无法为失去的金钱而歌唱，就与"快乐"是否存在"功利"有关。而且，植物没有感觉，进化到了动物，则有了快感，再到人，又为自己进化出了美感——只与对象的外形形式有关的情感体验，其中无疑必然大有深意，也值得专门研究！这样一来，美学也就应运而生了。

然而，如此一来，美学研究也就不能以"实践"为视界，而只能以"生命"为视界。

因为，首先，实践并不是审美得以产生的最远源头，也就是说，从"本源"的角度，"实践"不是最远的。

首先亟待面对的是一个常识问题：人类是先有生命，还是先有实践？进而，实践创造了人？那么，又是谁创造了实践？何况，我们的祖先从两足行走到制造石器工具，几乎有五百万年的间隔，这五百万年的间隔，其实都与实践无关。但是，人已经是人，也已经有生命！因此，生命才是实践的根本原因。生命的延续与发展才是第一需要，至于实践，那只是第二需要。而且，人非实践不可吗？不一定！但是，人却非审美不可！而且，实践美学的"积淀"也很牵强，其实绝大部分的生命都来自先于实践的自然自身的进化，实践能够积淀到人类生命的部分十分有限。例如，人的生命中对于节奏—对称—均衡—光滑的追求，就不是实践给予的，而是早于实践的生命给予的。人类的眼睛是审美的重要器官，但也不是实践给予的。因此，单独标举实践，显然就会以偏概全，无法正确解释审美的奥秘。

其次，实践也不是距离审美活动最近，也就是说，从"本性"的角度，"实践"也不是最近的。

这意味着，审美活动当然也与人类其他活动有关——例如实践活动。然而，审美活动却是生命活动本身——生命的最高存在方式。它是人类因为自己的生命需要而导致的意在满足自己的生命需要的特殊活动。它服膺于人类自身的某种必欲表达而后快的生命动机。对此，柏拉图猜测为"理式"，黑格尔猜测为"绝对理念"，荣格猜测为"心理原型"……遗憾的是，我们过去是错误地从"有神论"或者"唯心主义"的角度去加以研究的。而今一旦从"生命"的角度去研究，一切也就昭然若揭了。这，当然也就是生命的天命，也是审美的天命！尤其是康德"先验范畴"！黑格尔称赞他解开了"谜样的东西"："主观的普遍必然性"。其实，这无非就是"由形象引发的非功利愉悦"，也就是主观的客观性与客观的主观性。"主观的普遍必然性"，作为"先验范畴"，无非就是客观化了的最高也最根本的生命动机。因此，从最根本的角度，实践还是不及生命——我们可以说：审美是生命的最高境界，可是，却不能说审美是实践的最高境界。这意味着：审美与生命有着直接的对应关系，但是与实践却只有着间接的对应关系。因此，只有生命，才距离审美的"本性"最近。

何况，即便是与实践有关，实践与审美的关系也仅仅类似于大地与鲜花、粮食与美酒、地球的公转与自转的关系。美学要研究的，无疑只是鲜花、美酒和地球的自转。因此，或者是生命为什么需要审美？或者是审美为什么能够满足生命？美学无非就是这两大困惑。显然，它们都与生命有关，而与实践无关。因此，因生命，而审美；因审美，而生命！但是，我们却不能说：因实践，而审美；因审美，而实践。

例如，李泽厚先生晚期的实践美学无疑意识到了实践美学的这个致命缺憾！因此，他才毅然转向。而且，这个转向的力度远比"新实践美学"和"实践存在论美学"要更大。当然，因此逻辑断裂也就最明显！"新实践美学"和"实践存在论美学"实际均未涉生命本体，审美，在他们那里也均不是生命本体。但是，李先生的晚期美学却直指生命本体，可惜，"妾身未分明"。因为这个"本体"是无论如何都无法来自实践活动的"积淀"的！为了走出困局，李泽厚先生拼尽了全力：从"人类学本体论"到"人类学历史本体论"，从"工具本体"到"心理本体"，从"社会实践本体论"到"情感本体论"……并且不惜以"主体性"作为中介，以"积淀说"作为中介。可是，他孜孜以求的"心理本体""情感本体"，其实就是生命美学从起步之初就提出的"生命"！

不过，这"生命"又与汪济生、祁志祥等人提倡的"生命"全然不同。数十年来，汪济生、祁志祥等人始终都只是四五个人组成的一个"美学小团队"，他们的声音在美学界也始终没有被关注。但是，他们却每每觉得只有他们四五个人才是生命美学的代表，因此也每每与我所提倡的生命美学不愿同日而语。可惜，几十年过去了，他们几个人提倡的所谓的"科学的生命美学"至今也没有什么反响。这是因为，所谓"生命"，全世界的生命哲学、生命美学都是基本一致的，都是在"基于生命"的意义上考察的，而不是在"关于生命"的意义上考察的（只有汪济生等人才这样看，而且他们还错误地从自然科学而不是人文科学的角度去看待生命）。生命美学的为美学引入"生命"，只是在引入现代视界的意义上，在无视生命就是无视美学的意义上，在强调不得将人作为被等量或者等质交换的物看待的意义上，在强调生命必然是时间上的唯一、空间上的唯一点的意义上，在因此也必然要从整体中解放出来的意义上。也因此，这里的"生命"，过去一直被汪济生、祁志祥等人无端指责为"没有科学解释""没有说清楚"（他们所提倡的美学只是自然科学意义上的美学，而并非人文科学意义上的美学，这导致他们与美学界一直缺乏共同语言，也始终无法融入），是毫无道理的。因为这里的"生命"，主要是在"基于生命"的意义上，所谓"我在，但我没有我，所以我们生成着"（恩斯特·布洛赫），所谓不是"更多的生命"而是"比生命更多"（西美尔），换言之，这里的"生命"，不是"活着"，而是——"活出"（也因此，我在研究生命美学的时候，关于"生命"，是从一开始就讲得清清楚楚的）。

而且，一旦以这个"生成着""比生命更多"和"活出"的"生命"为生命，美学之为美学也就焕然一新。如前所述的从知识论到生命论的转向，就是在此基础上才得以发生的。长期以来，我一直都在提示：生命美学是从实践美学的"纯粹理性批判"转向"纯粹非理性批判"，从"逻辑的东西"转向"先于逻辑的东西";或者,转向"逻辑背后的东西"。在实践美学,关注的只是概念的、逻辑的和反思的,而生命美学却要求趋近使得概念的、逻辑的和反思得以成立的领域,因而也就是前概念的、前逻辑的和前反思的领域。它当然不是海德格尔在《真理的本质》一文中所说的"符合论",但却是他所关注的"敞开状态"或"活动着的参与"。或者,借助"生命",生命美学意识到:实践美学所要"积淀"到感性的所谓"理性"恰恰就是思想的最为顽固的敌人。当然,这并不是放弃思想,而只是学会思想,并且比实践美学更为深刻地去思想。由此回过头来再回忆一下,应该说,维科提出的"新科学"以及"诗性智慧",已经实实在在地回到了生命活动的根源和本源,距离审美的根源和本源已经非常之近。鲍姆嘉通的成功则在于进入了最为接近"生命"的所在,也就是人的心智分析,所谓美是"研究完善的感性的学说"。在此意义上,实在不能算错,因为他也正是在正确地提倡感性生命,遗憾的只是没有发现感性生命的独立性,而且反而错误地称之为"低级的认识"。康德也走在同样的道路之上。他找到了"趣味判断",并且用四个二律背反确定了它的独立性。这其实就是找到了"感性生命"的独立性,无异于石破天惊!经过叔本华与尼采,随之而来的是克罗齐,他的"表现",更是从"基于生命"的角度对于审美奥秘的揭示,抓住了要害,但是,却失之狭隘。因此，有人说：人类关注的中心，在希腊，是"存在"；在中世纪，是"上帝"；在17、18世纪，是"自然"；在19世纪，是"社会"；在20世纪，则是"生命"。确实是很有道理！

毋庸置疑，几十年来，我的美学研究恰恰就是以"生命"为核心的，而且也是从生命本身来美学地理解生命的。我的美学思考，就是建基于"生命"之上；"生命立场"，是我的美学研究的必不可少的前提。而且，犹如一个具有同心圆的有机发展，生命美学的全部体系、全部问题都从而以更加深刻和原初的方式在全新的意义上被追问。在我看来，给出美学的理由的，不是"实践"，而是"生命"。生命，而不是实践，才是美学之为美学的先天条件。因此，相对于实践美学的"知识的觉醒"，生命美学则是"生命的觉醒"。过去的那种置身生命之外去观察和抽象的研究，无疑是荒谬的，正确的方式，只能是在生命之中去体验、去直觉。由此，长期以来，我才一再警示：以实践美学为代表的传统美学，都只是假问题、假句法、假词汇。事实上，在现实世界根本没有"真理"，只有"真在"，只有"生命"。因此"真理"必须变成鲜活的"生命"才是真实的。换言之，实事求是而言，根本没有"物自体"，也没有"现象界"，甚至也不可能"相对于实践"，而只能是"相对于生命"。维特根斯坦断言：想象一种语言就是想象一种生活方式。确实，对于我而言，想象一种美学就是想象一种生命、想象一种生存方式。维特根斯坦还断言：神秘的不是世界是怎样的，而是它是这样的。对于我而言，神秘的也不是世界是理性的，而是它就是生命的。对知识之谜、理性之谜的解答的前提都是于人的生命之谜的解答。要把握本体的生命世界，理性，只是辅助型的工具，而且，它还是一柄双刃剑，还存在着把人类带入歧途的可能。唯一的方式，就是回到生命，而回到生命也就是回到审美。也因此，审美与生命也就成为彼此的对应物，两者互为表里。当然，这就是审美之所以与生命始终相依为命的根本原因。

第四，生命美学：在信仰与爱的终极关怀维度的美学重构。

生命美学的特征，还在于以信仰与爱的终极关怀为终极视域。

人与世界之间，在三个维度上发生关系。首先，是"人与自然"，这个维度，又可以被叫作第一进向，它涉及的是"我—它"关系。其次，是"人与社会"，这个维度，也可以被称为第二进向，涉及的是"我—他"关系。同时，第一进向的人与自然的维度与第二进向的人与社会的维度，又共同组成了一般所说的现实维度与现实关怀。

幸而，人与世界之间还存在第三个维度，即人与意义的维度。这个维度，应该被称作第三进向，涉及的是"我—你"关系。它构成的，是所谓的超越维度与终极关怀。

置身于超越维度与终极关怀的人类生命活动是意义活动。人类置身于现实维度，为有限所束缚，但是，却又绝对不可能满足于有限。因此，就必然会借助意义活动去弥补实践活动和认识活动的有限性，并且使得自己在其他生命活动中未能得到发展的能力得到"理想"的发展，也使自己的生存活动有可能在某种层面上构成完整性。由此，只有意义活动，才是对于人类自由的真正实现。它以对于必然的超越，实现了人类生命活动的根本内涵。

意义活动构成了人类的超越维度，它面对的是对于合目的性与合规律性的超越，是以理想形态与灵魂对话，涉及的只是本体界、价值领域以及自由的归宿，瞩目的也已经是彼岸的无限。因此，超越维度是一个意义形态、一个人类的形而上的求生存意义的维度，用人们所熟知的语言来表述，则是所谓的终极关怀。

至于审美活动，它奠基于超越维度与终极关怀，同样是人类的意义活动，也内含着人类的意义活动的根本内涵。

马克思曾经指出，在意义活动中，必须"假定人就是人，而人同世界的关系是一种人的关系，那么你就只能用爱来交换爱，只能用信任来交换信任，等等"①。这也就是说，意义活动必须"假定人就是人"，必须从"人就是人""人同世界的关系是一种人的关系""只能用爱来交换爱，只能用信任来交换信任"的角度去看待外在世界。当然，这样一来，也就必然从自己所禀赋的人的意义、人的未来、人的理想、人所向往的一切的角度去看待外在世界。于是，超越维度与终极关怀的出场也就成为必然。因为所谓超越维度、所谓终极关怀，无非也就是"人就是人""人同世界的关系是一种人的关系""只能用爱来交换爱，只能用信任来交换信任"，无非也就蕴含着自己所禀赋的人的意义、人的未来、人的理想、人所向往的一切。无疑，这一切也都是审美活动的根本内涵。

这正是康德在审美活动中所发现的"谜样的东西"："主观的普遍必然性"（"主观的客观性"）。在黑格尔看来，这是美学家们有史以来所说出的"关于美的第一句合理的话"。然而，实践美学对于审美活动的认识却错误地始终停留在"悦耳悦目""悦心悦意""悦志悦神"的为实践活动、道德活动等"悦"的层面，可是，对于审美活动的本体属性，却始终未能深刻把握。生命美学则不然，它关注的也不再是某种

———————————————

① 中共中央马克思恩格斯列宁斯大林著作编辑局编译：《马克思恩格斯全集》（第42卷），人民出版社1979年版，第155页。

趣味，而是超越性价值、绝对价值、根本价值。其结果，就是审美、艺术与终极关怀之间的内在关联得以充分呈现。由此，审美作为理想的形式、内在形式，也就不是意在顺从现实，而是提供一个与现实对抗的现实，是要让现实也接受审美的规则，以便重构现实的尊严。同理，审美也是要在"爱的交往"中实现"真在"，而不是在学术讨论中找到"真理"。因此，马里奥·佩尔尼奥拉的《当代美学》指出："生命美学获得了政治学意义"，"活跃于生命政治学"，"当直觉从个体人当中产生，并且将生命当作自己的一般对象时，它就成了哲学，也就是说，成了形而上学"。[①]就是这个道理。

对生命美学而言，这里的人的存在，其实就是自由的存在。置身于人与理想的直接对应，每个人都不再经过任何中介与绝对、神圣照面，每个人都是首先与绝对、神圣相关，然后才是与他人相关，每个人都是以自己与理想之间的关系作为与他人之间关系的前提。于是，这也就顺理成章地导致了人类生命意识的幡然觉醒。人类内在的超越属性——无限性第一次被挖掘出来。每个人都是生而自由的，因而每个人自己就是他自己的存在的目的本身，也是从他自身展开自己的生活的，自身

_____

① ［意］马里奥·佩尔尼奥拉：《当代美学》，裴亚莉译，复旦大学出版社2017年版，第2、22页。

就是自己存在的理由或根据；也因此，他只以自身作为自己存在的根据，而不需要任何其他存在者作为自己存在的根据。所谓社会关系，在生而自由而言，也是第二位的，自由的存在才使得一切社会关系得以存在，而不是社会关系才使得个人的自由存在得以存在。

而美学之为美学，当然也必须以自由为核心，以守护"自由存在"并追问"自由存在"作为自身使命，以尊重和维护每一个体的自由存在，尊重和维护每一个体的唯一性和绝对性，尊重和维护每一个体的绝对价值、绝对尊严作为自身使命。而这也正是生命美学的始终不渝的选择。而且，也正是由于生命美学的不懈努力，在中国，"人的自由存在"才第一次真正进入了美学。而关注终极价值、终极意义，永远都应该是美学研究的核心与根本。关注审美活动的形而上学属性，关注审美活动的本体维度，也永远都应该是美学研究的核心与根本。对于"意义"的追求，将人的生命无可选择地带入了无限。维特根斯坦说："世界的意义必定是在世界之外。"人生的意义也必定是在人生之外。意义，来自有限的人生与无限的联系，也来自人生的追求与目的的联系。没有"意义"，生命自然也就没有了价值，更没有了重量。有了"意义"，才能够让人得以看到苦难背后的坚持，仇恨之外的挚爱，也让人得以看到绝望之上的希望。因此，正是"意义"，才让人跨越了有限，默认了无限，融入了无限，结果，也就得以真实地触摸到了生命的尊严、生命的美丽、生命的神圣。应运而生的，是一种把精神从肉体中剥离出来的与人之为人的绝对尊严、绝对权利、绝对责任建立起一种直接关系的全新的阐释世界与人生的模式。当然，这就是生命美学。

三、生命美学：还能够说些什么

最后，我还要说的，是生命美学的未来。

三十八年之后，在我看来，生命美学仍旧年轻，也仍旧有着巨大的发展空间。而且，生命美学的关键应该是在下半场。只是这下半场并不是走向艺术、文化、生态、身体……尽管它们都是美学的一个维度，也都毕竟值得认真研究，但是，却都并非美学自身逻辑的必然。在我看来，生命美学所亟待走向的，无疑并不是这些。这也就是说，它亟待选择的绝对不应该是向下走，而只能是向上走，这意味着：生命美学应当走向的，只能是哲学。回归哲学，美学与哲学互换位置，才是生命美学之为生命美学的必然的归宿。

这当然是因为，从"康德以后"到"尼采以后"的那些大美学家毫无例外都不是美学教研室的教授，而主要是哲学教研室的教授。这使得我们敏捷地意识到了真正的美学传统之所在，以及美学研究的"葵花宝典"之所在。不过，就哲理而言，我们则必须要注意，尼采早就已经提示：生命即存在，存在也即生命。生命的存在方式也就是审美与艺术的存在方式。因此，"存在论"即"未来哲学"，也即"美学"。只是，这里的未来哲学也好，美学也好，其实都是"生命学"。尼采的形而上学也是生命形而上学，犹如尼采的审美主义只能被称为生命主义。然而，其中却毕竟意味深长地隐含着从"知识形而上学"到"生存形而上学"与从"终极知识"到"终极关怀"的深刻转换。

这其实就是美学的哲学化。遗憾的是，相对于哲学的美学化，长期以来，美学的哲学化既缺乏深度开掘，也缺乏广度拓展。然而，我们必须看到通过审美活动以解决哲学问题的思维路径。美学的哲学化，亦即美学中的哲学问题，因此而成为一个重要的研究领域。它为哲学研究提供了一个特殊的视角，使我们得以更加深刻地理解哲学，也更加深刻地理解人。甚至，我们还可以通过"诗"与"哲学"的对话，从审美维度出发去重建哲学。何况，美学之所以关注哲学问题，还因为在审美活动中隐藏着解决哲学问题的钥匙。美学对于人类审美活动的关注其实也就是对于人的本真存在方式的关注，因此审美问题不再是哲学里的一般的问题，而是核心问题、不能绕过的问题，是哲学的审美自觉，是理论的深化——理论向人的生存的深化，而不是理论的偏移。

无疑，只有在无神时代，生命美学才等同于未来哲学，因为，生命问题的被关注是虚无主义时代来临的必然结果。而且，所谓未来哲学，也不仅仅是自由的哲学，而且还应该是爱的哲学。它从"生命"出发，是生命的形而上学而不再是知识的形而上学，这样，也就必然走向"自由"，并且回归于"爱"。爱，就是对于"自由"的全新假定。我们可以把它称为第二次的人道主义的革命——爱的革命。在无神的时代，爱，就是人类的信仰。哲学取代宗教的出场，事实上就只能是以爱的哲学的方式出场。没有自由的哲学不是哲学，没有爱的美学也不是哲学。当然，这也正是我所提倡的"万物一体仁爱"的生命哲学。其中，"生生"—"仁爱"—"大美"一线贯穿。"我爱故我在"是它的主旋律，爱即生命、生命即爱与"因生而爱""因爱而生"则是它的变奏。因此，未来哲学不再是传统哲学的所谓"爱智慧"与智之爱了，而已经是焕然一新的"爱的智慧"与爱之智。

在这里，十分引人注目的是作为自由的内在通道的纯粹的存在即纯粹的情感，是情感的自然、自律、自主、自在、自由。怀特海指出："生命就是源于过去、指向未来的情感享受。它就是对过去、现在和未来的情感享受。"[①]这无疑是一

① ［英］怀特海：《思维方式》，刘放桐译，商务印书馆2010年版，第153页。

个重要的发现。施特劳斯也指出："对多数时候多数人而言，最强有力的不是理性而是情感。"[①]遗憾的是，"几乎没有人问过：是否就不存在一门绝对的并且情感的伦理学"[②]。而我在提出生命美学之初，也就已经把关注点放在了"情本"的基础之上。显然，情感自由是比理性自由要远为根本的自由，情感启蒙也是比理性启蒙要远为根本的启蒙。人在本质上是情感动物。情感的力量也是生命深处的远为根本的创造性的积极力量。唯有立足于情感，才是立足于存在论、本体论意义上的自己；唯有立足于独立、自在的情感，才是立足于独立、自在的自由。相比之下，昔日更多地为学人所瞩目的理性启蒙则并不那么重要。而且，一旦逸出了情感的根基，不但无法达到真正的自由、真正的强大、真正的成熟，而且还很可能会沦入绝对科学主义或者道德理想主义，会导致人与自然、人与社会的分裂，导致工具理性、虚无理性的出现。最终，理性的启蒙甚至也会成为生命的敌人。这样，所谓未来哲学，在我看来其实也就不但是自由的哲学、爱的哲学，而且还是审美的哲学，是生命中的"看不见的手"——情感的逻辑表达。于是，一方面，

---

① ［美］施特劳斯：《自然权利与历史》，彭刚译，生活·读书·新知三联书店2003年版，第184页。

② ［德］舍勒：《伦理学中的形式主义与质料的价值伦理学》，倪梁康译，生活·读书·新知三联书店2004年版，第308页。

是哲学中的美学问题，它是哲学研究的美学深化。另一方面，是美学中的哲学问题，它是美学研究的深化，是美学的哲学自觉，是理论的深化——理论向人的生存的深化。而且，能够深化到美学的哲学才是真正的哲学。

换言之，就美学而言，康德的贡献在于发现了理性的限制，这使得叔本华从此知道了理性的无能。但是，令人遗憾的是，叔本华却因此而冒昧地离开了理性。因此，也就未能为审美活动走上美学时代的历史舞台奠定合法性根据。其实，理性固然是有限的，但是，又是绝对不可须臾离开的。当然，亟待去做的绝对不是再走柏拉图的进而寻找终极的理性根据的老路，但是，也绝对不是雅斯贝尔斯、克尔凯格尔、海德格尔等人的所谓"跳跃"，也与萨特的无神论存在主义的价值虚无主义无关。一个令人瞩目的可贵探索，是加缪所开辟的无神论人道主义的道路。在加缪看来，人的理性固然有限，但是，我们却也不能离开理性的有限。而恰恰也就是借助理性的有限（类似中国的实用理性），我们确切地知道了存在着作为爱的智慧与爱之智。其实，这也就一切足矣，完全不必再去进一步去加以论证，而只需要去义无反顾地去维护之、珍惜之。这令人想起中国儒家的所谓"善端"、所谓"恻隐之心人皆有之"、所谓"不忍之心"，或者，所谓"祭神如神在"，也令人想起西方林肯所谓的"善良的天使"。而且，作为爱的智慧与爱之智，是内心的"善根"，是"吾性自足"的，也是"当下呈现"的，就像向日葵一定会趋向阳光。从孟子到陆象山到王阳明的所谓"心学"所关注的，其实就正是这个问题。昔日的错误在于：每每要透过它，去寻找背后的终极的理性根据，但是却偏偏忽视了要去大力予以"扩而充之"。而现在，我们所亟待去做的，则是直接将之认可为先验命题，直接认可为"万物皆备于我"。无须讨论，也无须置疑。作为爱的智慧与爱之智，人人固有，这是一个人所共知的事实，是"天之所与我者"，也是"先得我心之所同然耳"。因此，才"人皆可以为尧舜"。没有去爱，人人都会后悔；爱了，却人人都不会后悔。去爱，则乐莫大焉，仰不愧于天，俯不怍于人；不去爱，则后悔莫及，仰愧于天，俯怍于人。显然，爱的智慧与爱之智当然不是先天的，但是，却是先在的。这样，昔日孔子说："为仁由己，而由人乎哉？"（《论语·颜渊》）"仁远乎哉？我欲仁，斯仁至矣。"（《论语·述而》）而我们今天也可以说："为爱由己，而由人乎哉？""爱远乎哉？我欲爱，斯爱至矣。"不过，作为"善端"，爱的智慧与爱之智又毕竟仅仅只是开始，还有待发展完善。我们还需要做的，是不但不去破坏它，而且还要去大力"扩而充之"。要储蓄爱、践行爱、守望爱，要从我做起，从现在做起，也要从具体的人做起，从具体的事情做起。西方有个著名的故事说：在一个污浊的小河沟里，很多的小鱼都活不下去了。大人都说，鱼太多了，救不过来的，只有随它们去了。可是有一个孩子却不是这样看的，他把一条鱼捧到大海里，然后说，这条需要活；接着，又把一条鱼捧到大海里，然后又说，这条也需要活。显然，这就正是我们所要求去大力"扩而充之"的爱的智慧与爱之智。而且，毫无疑问的是，由此来看，对于爱的智慧与爱之智去予以"扩而充之"的最佳的方式，也无疑恰恰就是审美活动。

结果，"因爱而美"的未来哲学与"因美而爱"的生命美学等同了起来，从生命美学出发的研究，最后也就必然跨越美学的边界而进入哲学思考的高维境地，走上通往未来哲学的康庄大道。而且，这也正是中国古代的庄子所说的"原天地之美而达万物之理"。它一头连接爱，是一条重要的哲学道路；一条连接审美与艺术，是一条重要的美学道路。"让一部分人先信仰起来"，就必然还应该是"让一部分人先爱起来"，也就必然还应该是"让一部分人先美起来"。

于是，我们又一次回到了"更有重要意义的感觉和人类知解力的批判""纯粹非理性批判"。

三十八年前，1985年，在《美学何处去》的结尾，我曾经借歌德的话而"言志"，那时，置身于"二十来岁的'今天'"的我、青春年少的我曾慷慨而言："更有重要意义的感觉和人类知解力的批判""纯粹非理性批判"是康德未竟的事业，在"尼采以后"，生命美学亟待由此起步。

无疑，从1985年到今天，我的思考始终都是同样的，生命美学的最后一站，必然是也只能是"更有重要意义的感觉和人类知解力的批判""纯粹非理性批判"。歌德说，"如果这项工作做得好，德国哲学就差不多了"，其实，岂止是"德国哲学"，在我看来，"如果这项工作做得好"，人类哲学"就差不多了"！

四、生命美学："历史开始了"

以上所言，就是我在三十八年的美学跋涉路途中的所思所想，而且，尽管其间被迫离开了美学界十八年，也仍旧不改初衷。

"愿你出走半生，归来仍是少年。"三十八年之后，尽管我已经从"年轻的一代"变成了"年老的一代"，从"二十来岁的今天"到了"六十来岁的今天"，但是，我和我所提倡的生命美学，都"归来仍是少年"。歌德有言："理论是灰色的，生命之树常青。"生命美学同样"常青"。因此，我今后的使命也仍旧是："在生命之树上为凤凰找寻栖所"（叶芝）。

"这不是结束，甚至并不是结束的序幕，但可能是序幕的结束。" 1942年，丘吉尔在阿拉曼战役胜利后这样说过。

在三十八年之后，我要说的也是："这不是结束，甚至并不是结束的序幕，但可能是序幕的结束。"

而且，生命美学还将再次出发。

"这时，我们明白了，历史开始了。"①

2021年4月20日，南京卧龙湖，明庐

2023年3月12日，南京卧龙湖，明庐

---

① ［法］米歇尔·塞尔：《万物本原》，蒲北溟译，生活·读书·新知三联书店1996年版，第186页。